TEMA 21

LA CONSTITUCIÓN GEOLÓGICA DE ESPAÑA. REPERCUSIONES DE LA GEOLOGÍA EN LA VARIEDAD DE PAISAJES, DISTRIBUCIÓN DE RECURSOS, LAS COMUNICACIONES Y LA INDUSTRIA. EL PROBLEMA DE LOS RIESGOS. LA ORDENACIÓN DEL TERRITORIO.

0. Introducción
1. Constitución geológica de España
2. Repercusiones de la geología en la Península Ibérica
3. Riesgos geológicos
4. Ordenación del territorio
5. Conclusión

0. INTRODUCCIÓN

La Península Ibérica ha tenido una compleja historia geológica. Esto ha hecho que tenga gran variedad de estructuras geológicas de diferente origen y constitución, que repercutirán en la variedad de paisajes que tenemos hoy día, así como en la distribución de recursos y en la disposición de las vías de comunicación. La historia geológica también hace que ciertas zonas presenten un cierto riesgo a que se produzcan ciertos fenómenos geológicos que a afecten a determinados núcleos de población. No obstante, en la generación de los riesgos influirá el uso y las alteraciones que se hagan sobre el territorio.

En este tema se tratan una gran diversidad de conocimientos aplicados de la Geología, lo que hace difícil tratarlos con rigurosidad y profundidad. No por ello, dejan de ser importantes para conocer mejor el medio donde vivimos, así como comprender el porqué de muchos fenómenos que pasan a nuestro alrededor.

Para la exposición de este tema seguiré el siguiente orden...

(es muy conveniente exponer con claridad, aquí al principio, el orden que se va a seguir, leer el índice de una forma ágil)

1. CONSTITUCIÓN GEOLÓGICA DE ESPAÑA

La Península Ibérica ha sufrido una historia evolutiva muy compleja. En ella vemos resumidos varios periodos orogénicos y otros donde predominó la erosión y que han dado pie a una serie de características estructurales y morfológicas actuales muy peculiares.

En este apartado veremos los acontecimientos históricos más relevantes en la historia de nuestro país. A grandes rasgos, en la Península podemos distinguir cuatro grandes terrenos geológicos:

- **Terrenos precámbricos**. Se trata de terrenos anteriores al Paleozoico. Son terrenos muy escasos y se encuentran actualmente incorporados en las cadenas hercínicas.

- **Terrenos paleozoicos**. Forman las cadenas hercínicas, formadas durante la orogenia hercínica.

- **Terrenos mesozoicos y cenozoicos**. Forman las cadenas alpinas, que fueron deformadas durante la orogenia alpina.

- **Terrenos postalpinos**. La mayoría son cuencas originadas por periodos de distensión que tuvieron lugar después de la orogenia alpina, durante el Neógeno y el Cuaternario.

1.1. Cadenas hercínicas: el Macizo Ibérico

En la Península Ibérica encontramos tres macizos hercínicos, formados durante el Paleozoico: el *Macizo Ibérico o Hespérico*, el *Pirineo axial* junto con la isla de *Menorca y las cordilleras costero-catalanas* y la *Cordillera Bética*. Al principio, formarían parte de una única cuenca sedimentaria que, al plegarse, darían lugar a cordilleras más o menos continuas, pero con enlaces oscurecidos por los procesos de sedimentación y plegamiento posteriores.

1.1.1. Macizo Ibérico o Hespérico

Este macizo también se conoce como la Meseta, y es el principal macizo hercínico. Se encuentra en la mitad occidental de la Península y comprende seis bandas dispuestas, más o menos, en paralelo. De norte a sur, éstas son:

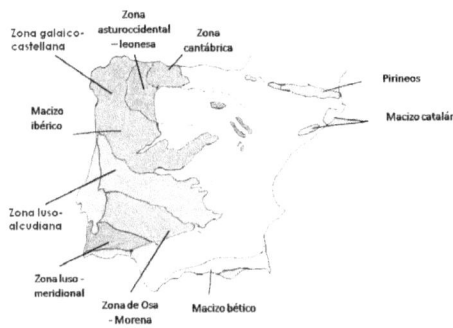

- **Zona cantábrica**. Contiene sedimentos desde del Precámbrico al Pérmico. Presenta una tectónica con pliegues y cabalgamientos. Forma la zona central del **arco o rodilla astúrica**.

- **Zona asturoccidental-leonesa**. Se encuentra a continuación a la zona anterior y se encuentra limitada por dos anticlinorios al este y al oeste, en cuyos núcleo aflora el Precámbrico. Presenta grandes pliegues y cabalgamientos con un metamorfismo, en ocasiones, muy fuerte.

- **Zona galaico-castellana**. Presenta la superposición de dos etapas, una caledoniada, del Cámbrico-Ordovícico con formaciones volcánicas y ofiolitas, y otra hercínica con grandes deformaciones, acompañadas de granitos y rocas metamórficas. Esta zona incluye el Macizo Central, formado por la Sierra de Gredos, Guadarrama, Somosierra y Jadraque, que se caracterizan por la presencia de grandes batolitos de granito recubiertos por rocas metamórficas. Su elevación actual se debe a una tectónica de distensión y corresponden a parte de un gigantesco horst.

- **Zona luso-alcudiana**. Contiene sedimentos del Precámbrico y Paleozoico inferior, y sedimentos posteriores de tipo volcánico (en esta zona se encuentran, por ejemplo, las famosas minas de cinabrio de Almadén). Presenta un metamorfismo poco intenso y pliegues laxos.

- **Zona de Ossa-Morena**. Presenta grandes procesos plutónicos y volcánicos, con deformación intensas. También contiene importantes afloramientos del Cámbrico y Precámbrico.

- **Zona surportuguesa**. Está compuesta, en gran parte, por sedimentos profundos del Silúrico al Carbonífero inferior, acompañados de materiales volcánicos que han dado lugar a importantes yacimientos de piritas como las de Riotinto en Huelva. Todos estos materiales fueron

3

deformados durante el Carbonífero superior, dando lugar a importantes pliegues y cabalgamientos.

1.1.2. Cadena Pirenaica, Cordilleras Costero-Catalanas y Menorca

Estas tres zonas constituyen el segundo gran bloque de las cordilleras hercínicas. Los bloques Paleozoicos suelen formar parte de las zonas centrales y más elevadas de estas formaciones montañosas.

- **Cadena Pirenaica**. Se encuentra en el norte de España, haciendo frontera con Francia. Posee materiales del Precámbrico al Carbonífero. Está dividio en varios macizos separados por grandes fallas. Durante la orogenia hercínica se formaron grandes pliegues y mantos de corrimiento. Presentan grandes plutones de granito que forman la parte central de los Pirineos, incluyendo los grandes picos. Ha sufrido una fuerte erosión postorogénica.

- **Cordilleras Costero-Catalanas**. También conocidas como *Serralades Litorals*. Presenta materiales del Precámbrico al Carbonífero, con rocas detríticas, ígneas y metamórficas. Sufrió una fracturación posterior.

- **Menorca**. Se trata de una zona montañosa muy próxima, desde un punto de vista geológico, a las Cordilleras Costero-Catalanas. Los sedimentos son de las misma época y muy similares en cuanto a composición y estructura. Por otra parte, también presenta sedimentos de aguas profundas (turbiditas y radiolitas).

1.1.3. Sistema Bético

En sentido amplio, son las cordilleras que se encuentran en la zona del sureste peninsular. La zona más representativa es el **núcleo bético**. Éste forma el sustrato hercínico de las Cordilleras Béticas. Contiene materiales principalmente paleozoicos pero que han sido deformados durante la orogenia alpina. Éstos presentan importantes deformaciones, con varios cabalgamientos superpuestos. Se pueden distinguir tres, que de más profundo a más superficial serían:

- Complejo Nevado-Filábride.
- Complejo Alpujárride.
- Complejo Maláguide.

1.2. Cordilleras periféricas

Rodeando a las cadenas hercínicas anteriores, encontramos la **Cordillera Ibérica**. Ésta se compone de dos alineaciones montañosas, el Sistema castellano y el Sistema aragonés, separados por una depresión conocida como Fosa de Calatayud-Teruel.

Presenta varios núcleos hercínicos que han formado algunas de las elevaciones montañosas de la zona (Sierra de la Demanda, Moncayo, Sierra de Albarracín...). En las zonas deprimidas, se depositaron sedimentos de Mesozoico, principalmente y, localmente, abundan también los del Terciario.

1.3. Cordilleras externas

Se trata de una serie de formaciones montañosas que no se encuentran directamente en contacto con el Macizo Ibérico, y que poseen núcleos hercínicos, pero en las que los sedimentos más abundantes son los mesozoicos y terciarios. Las más representativas son:

1.3.1. Cadena Pirenaica, Cordilleras Costero-Catalanas y Menorca

Anteriormente hemos comentado que estas cadenas montañosas poseían un núcleo central de origen hercínico. Pero, por otro lado, también presentan materiales mesozoicos y terciarios que rodean a los anteriores.

En el caso del Pirineo, presenta una cobertura de origen mesozoico y paleógeno, que incluye las Sierras Marginales (Pre-Pirineo o Sub-Pirineo), que se encuentran al sur del núcleo axial paleozoico. En ella se pueden distinguir varios mantos superpuestos con sedimentos que recubren distintas épocas.

Por otro lado, las Cordilleras Costero-Catalanas presenta, como ya hemos visto, algunos núcleos hercínicos rodeados por sedimentos de épocas más recientes. En el Neógeno, estas cordilleras sufrieron una fractura longitudinal, que formó una serie de horst y graben.

1.3.2. Sistema Bético

Como pasaba en los casos anteriores, estas cordilleras disponen de un núcleo central, más antiguo, rodeado por sedimentos más modernos, del Mesozoico y Terciario.

Estas formaciones más recientes forman una serie de cordilleras que se sitúan sobre el núcleo bético principal y alrededor de éste. Se caracterizan por presentar sedimentos paleozoicos, escasos, junto con otros más modernos. Discurren desde la desembocadura del Guadalquivir hasta el cabo de la Nao, en Alicante, y Baleares por el Nordeste. Se pueden distinguir tres zonas que presentan, todas ellas, importantes mantos cabalgantes:

- **Zona Prebética**. Es la que se encuentra más al norte, delimitando con el Paleozoico de Sierra Morena, y extendiéndose hacia el este entre Jaén y Alicante. Presenta abundantes sedimentos mesozoicos de plataforma.

- **Zona Subbética**. Se sitúa por debajo de la anterior y se desarrolla desde Alicante hasta Cádiz, prácticamente sin interrupción. Hacia el este, no obstante, queda encubierta por sedimentos cada vez más modernos. Presenta sedimentos del Mesozoico, principalmente, junto con otros más recientes, del Terciario.

- **Zona Bética s.s.** Es la que se encuentra más al sur, desarrollándose desde Estepona hasta el cabo de Santa Pola, en Alicante. El Paleozoico que presenta fue reactivado durante la orogenia alpina. También presenta un gran desarrollo del Mesozoico, así como zonas volcánicas hacia el Cabo de Gata.

A parte de estas zonas principales, al sur de la provincia de Cádiz encontramos materiales sedimentarios de origen marino, llamados **unidades alóctonas del campo de Gibraltar**. Su origen se debe a un gran manto de corrimiento procedente del mar que depositó en esta zona sedimentos ricos en turbiditas.

1.4. Depresiones terciarias

Entre las depresiones terciarias más importantes de la Península encontramos la **orla mesozoica de Portugal**. Se encuentra en la zona más occidental de la Península, con materiales del Mesozoico y Terciario, que se encuentran depositados de forma discordante sobre el Paleozoico.

El Terciario del resto de la Península es abundante en coladas del Neógeno. También es frecuente encontrar pliegues con dirección Norte-Sur del Paleógeno.

1.5. Cuencas sedimentarias post-alpinas

Tras la compresión de la orogenia alpina, hubo un periodo distensivo en el que se formaron algunas fosas importantes que se fueron llenando de sedimentos. Discurren desde el Rhin, en Alemania, hasta el Mediterráneo occidental, con vulcanismo basáltico asociado. En España se dan dos tipos de cuencas sedimentarias con diferente morfología y evolución:

- **Cuencas intra-montañosas**. Se trata de amplias depresiones originadas entre los horst originados tras la distensión postalpina, entre los bordes fallados o flexionados. Se rellenaron en condiciones *continentales* como las del Duero, Tajo, Ebro y la cuenca de Badajoz, o *marinas, como la del* Guadalquivir, Granada y Lisboa.

- **Cuencas del sistema del rift**. Son depresiones alargadas correspondientes a fosas tectónicas producidas también tras la distensión postalpina. Presentan, como particularidad, una gran cantidad de efusiones volcánicas, la mayoría del Neógeno. En España, el sistema de fosas se localiza en la parte oriental. Entre ellas destacamos la de *Urgell-Cerdaña*, en los Pirineos, *Catalayud-Teruel-Alfambra*, en el Sistema Ibérico, *Vallés-Penedés-Olot*, en Cataluña, *Valencia-Castellón*, en el Maestrazgo, y la de *Mallorca-Murcia-Almería*, en las Cordilleras Béticas, incluyendo las famosas Islas Columbretes.

Sistema de rift terciario de Europa occidental

1.6. Islas Canarias

Se trata de unas islas situadas al suroeste peninsular, a unos 100 km del Sáhara Occidental. Se formaron durante la separación de África y América, como consecuencia de la existencia de un sistema de rift existente en la placa oceánica. Éste se pudo originar tras el choque de microplacas con la gran placa Africana, que elevó la Cordillera del Atlas y propagó las tensiones hacia la placa oceánica subyacente, generando un debilitamiento y emanación de lava.

En su estructura, encontramos dos formaciones, que se superponen tanto en el tiempo como en el espacio:

- Una **estructura basal** formada por sedimentos oceánicos (turbiditas), intercalados con lavas submarinas almohadilladas. Son de origen Cretácico inferior al Mioceno medio.

- Una serie de **edificios volcánicos** elevados sobre los complejos basales con discordancia angular y erosiva. Datan del Mioceno superior a la actualidad. En estos volcanes se puede observar una etapa fisural, subaérea y con basaltos alcalinos, y otra posterior con formación de los edificios volcánicos típicos.

2. REPERCUSIONES DE LA GEOLOGÍA EN LA PENÍNSULA IBÉRICA

Como hemos podido ir viendo, la historia geológica de la Península ha sido muy compleja. Esto va a repercutir en aspectos como el paisaje que nos encontraremos, el tipo de recursos y su distribución, la facilidad o dificultad de trazar vías de comunicación, la industria...

2.1. Geología y paisaje

España dispone de un paisaje muy complejo que da lugar a distintos paisajes ecológicos. Como resultado, se han originado gran cantidad de paisajes condominios ecológicos y características muy peculiares. A grande rasgos, podemos distinguir dos grandes dominicos paisajísticos:

-   **España atlántica.** Incluye el noroeste de la Península; presenta altas precipitaciones y una oscilación térmica anual bastante baja. El clima es templado, muy parecido a la Europa atlántica. Vegetación mesófila, con abundancia de las especies caducifolias y presencia de un estrato herbáceo denso.

-   **España mediterránea.** Comprende la zona más meridional y del levante de la Península. Clima seco, especialmente en verano. Con vegetación xerófila y esclerófila, de hoja perenne, troco leñoso y con abundantes especies aromáticas. Abundan los pinos. Estrato herbáceo escaso e inexistente en verano.

Esta diferenciación no es más que un esbozo de la realidad, pues el complejo relieve origina situaciones muy diferentes. La presencia de ríos, zonas costeras, cadenas montañosas...., junto con la acción que el hombre ha ejercido sobre el paisaje a lo largo del tiempo, genera una especie de "micropaisajes" propios de cada zona.

2.2. Geología y distribución de recursos

La historia geológica también ha influido en la distribución que tienen hoy día algunos recursos en nuestro país. Comentamos algunos de los más significativos:

-   **Distribución de los recursos hídricos.** El cinturón montañoso litoral genera ríos de corta longitud y encajados en el sustrato. Se trata de ríos de poco caudal y, frecuentemente, de cauces torrenciales. En cambio, los ríos principales nacen en las montañas interiores y tienen una alimentación nival, que los hacen más constantes en su caudal, pero estos son los menos abundantes. La pendiente que los caracteriza, y la dificultad para el aprovechamiento de otras actividades como la navegación, ha permitido la construcción de embalses para riego y aprovechamiento hidroeléctrico, así como asegurar las zonas de abastecimiento en ciudades e industria.

- **Distribución de los recursos energéticos.** Aunque nuestro país no sea excesivamente rico en fuentes de energía, dispone de algunas de ellas que no es que sean despreciables. Destacamos:

  - <u>Carbón</u>: existen ciertos yacimientos importantes de hulla y antracita en el este de la Cordillera Cantábrica (Asturias, León y norte de Palencia) y en Sierra Morena. También hay lignito en Teruel, Galicia, Pirineos, Baleares y en el sur de la Península.

  - <u>Petróleo</u>: las reservas son escasas y podemos encontrar, principalmente en el litoral mediterráneo. También hay algunos depósitos de gas natural en el Pirineo aragonés, costa vizcaína y desembocadura del Guadalquivir.

  - <u>Centrales nucleares</u>: están situadas en zonas rurales, lejos de los principales núcleos de población, cerca de ríos, costas o minas de uranio.

  - <u>Centrales hidroeléctricas</u>: son frecuentes en la mitad norte de la península, donde se encuentran los principales cursos de agua y los mayores desniveles.

  - <u>Centrales geotérmicas</u>: cabe la posibilidad de obtener energía de este tipo en zonas con alto flujo térmico, como en la zona de Jaca y las Islas Canarias.

  - <u>Energía solar y eólica</u>: se sitúan en zonas favorables, como Zaragoza, Cataluña y Andalucía. Actualmente, se está promocionando la construcción de gran cantidad de parques eólicos y solares en muchas comunidades españolas.

- **Distribución de los recursos minerales.** Las reservas minerales más importantes se encuentran en las zonas paleozoicas. Destacamos los yacimientos de uranio (en Badajoz y Salamanca). Yacimientos de minerales en el Macizo Galaico, Cordillera Cantábrica, Sierra Morena y Sistema Ibérico y Bético. Los yacimientos no metálicos son frecuentes en formaciones tanto paleozoicas como en las terciarias de Cataluña, Madrid y Navarra.

2.3. Geología y las comunicaciones

España no presenta grandes vías navegables, por lo que el transporte se va a derivar por carretera, en primer lugar, y después por ferrocarril. Estas vías de comunicación discurren aprovechando los valles fluviales y depresiones naturales.

Hemos de tener en cuenta que España dispone de una sexta parte del relieve por encima de los 1000 metros, y una altitud media de unos 600 metros. Esto genera fuertes pendientes que tendrán que ser atravesadas por las vías de comunicación y que implicará, por otra parte, una mayor inversión para su desarrollo y mantenimiento. Por poner un ejemplo, todos los ejes radiales que parten de la capital han de salvar algún paso de montaña, cuya peligrosidad aumenta en invierno. El ferrocarril supera parte de estos inconvenientes desarrollándose a menor altura y trazando túneles.

La falta de espacio llano es también un inconveniente para la instalación de aeropuertos, así como para el vuelo bajo de éstos, con las consiguientes maniobras de despegue y aterrizaje que llevan asociadas.

Por otra parte, muchas costas presentan cordilleras que se desarrollan de manera paralela a éstas, generando acantilados y zonas de difícil acceso. Este hecho dificulta el asentamiento de puertos, de los que depende gran parte de nuestro comercio exterior.

2.4. Geología y la industria

En muchas ocasiones, la industria ha dependido más de factores históricos que propiamente geográficos. No obstante, también es cierto que las situaciones naturales han sido muy importantes en la situación de las industrias, y que una forma de reducir costes es abaratar el transporte, y esto se conseguía construyendo zonas industriales cercas de los yacimientos de los cuales se abastecían. Así, ciertas industrias, como la pesada (siderurgia, metalúrgica y carboquímica), se localizan cerca de los yacimientos de los que se abastecen. Esto ocurrió con la industria que se desarrolló en el norte de España durante el siglo XX, que se basaba en el carbón asturiano y el hierro del País Vasco.

Con el carbón ocurrió algo parecido. Al ser de baja calidad y ser poco abundante y difícil de extraer, se construyeron centrales térmicas para aprovechar los lignitos "in situ". Este caso lo vemos muy patente en la depresión del Ebro.

Por otra parte, el refinado del petróleo que llegaba a la Península por vía marítima era (y es) refinado en el mismo litoral. Así apareció la industria petroquímica que se asienta en zonas costeras, como Cartagena y Tarragona. La industria textil también se desarrollo asociada a las zonas de producción de energía hidroeléctrica, especialmente en Cataluña.

3. RIESGOS GEOLÓGICOS

Otra rama de la Geología se basa en el estudio de los posibles riesgos que las estructuras geológicas pueden llegar a producir. Un **riesgo** se define como la capacidad de daño, material o personal, de un fenómeno con respecto al tiempo. Así, si la frecuencia con la que ocurre un riesgo es muy pequeña, el riesgo será prácticamente despreciable.

La *prevención* de un riesgo supone la identificación y modificación de los parámetros que lo determinan y de los valores de umbral en que ocurren éstos. Por otra parte, el conocimiento de los riesgos geológicos es fundamental para la ordenación coherente del territorio. Los riesgos se clasifican, comúnmente, en internos y externos.

3.1. Riesgos internos

Son aquéllos riesgos que se producen por causa internas de la dinámica terrestre. Entre ellos destacamos, para nuestro país:

3.1.1. Riesgo sísmico

Este tipo de riesgo está causado por el movimiento repentino y brusco de la superficie terrestre, pudiendo provocar alteraciones en construcciones como edificios, conductos, canales...

Por tal de evitar o reducir este riesgo se utiliza la *predicción sísmica*, que se basa en el estudio de **precursores sísmicos**, como pueden ser elevaciones del terreno, cambios en la conductividad eléctrica y magnética del suelo, cambios en la velocidad de las ondas sísmicas, existencia de microseísmos. También se estudian las zonas históricamente sísmicas, pues tendrán más probabilidad de que se vuelvan a producir seísmos en ellas. En los últimos años este estudia ha sido favorecido por la utilización de nuevas tecnologías como son el estudio por radiotelescopios y satélites que controlan ciertas zonas, manómetros, deformímetros, sismógrafos...

Con los datos obtenidos por unos y otros métodos se elaboran **mapas de riesgo sísmico** y **mapas de ordenación del territorio**, que nos indican las zonas propensas a sufrir algún proceso sísmico y las zonas en las que se ha de actuar con prioridad, respectivamente.

En España, las zonas más propensas a sufrir seísmos son, sobre todo, el sureste peninsular, Granada, Almería y Málaga. Las actuaciones que se llevan a cabo en la prevención van desde la elaboración de mapas de riesgo sísmico, como ya hemos visto, vigilancia por medio de observatorios sismológico y la construcción de edificios sismorresistentes en zonas de mayor riesgo.

MAPA DE RIESGO
SÍSMICO

Alta probabilida de
ocurrencia de terremotos

Baja probabilidad de
ocurrencia de terremotos

3.1.2. Riesgo volcánico

España no es un país excesivamente propenso a padecer procesos volcánicos. No obstante, existen algunas zonas, como las Islas Canarias, en que este riesgo es de considerable importancia y en las que se tendrá que tomar las medidas adecuadas.

Para cuantificar este riesgo se utiliza en **índice de explosividad volcánica (IEV)**, que relaciona el % de piroclastos con los materiales totales emitidos por un volcán. A mayor IEV, mayor peligrosidad presenta un volcán. Los volcanes pueden producir daños materiales graves, pero también pueden producir gases peligrosos que pueden contaminar las aguas subterráneas.

Para su prevención se elaboran **mapas de riesgo volcánico**. No obstante, una vez desencadenada la erupción, se puede hacer bien poco: colocar filtros en el alcantarillado, repartir mascarillas a la población, evacuar los núcleos más propensos, desviar el curso de la lava...

Tanto los volcanes como seísmos submarinos pueden provocar **tsunamis**, que pueden llegar a producir daños muy importantes en las costas. Son muy frecuentes en las costas del Pacífico, pero también España ha sufrido alguno en su historia, como el de 1755, que afectó al suroeste peninsular.

3.2. Riesgos externos

Estos riesgos son producidos por la dinámica externa de la Tierra. Están asociados a los procesos geológicos externos. Entre los más relevantes destacamos:

3.2.1. Riesgos meteorológicos

Estos riesgos están asociados al sistema atmósfera-hidrosfera. Los más comunes son los asociados a vientos juntos a presencia de agua de lluvia; dependiendo del mayor o menor grado de ambos, el riesgo podrá ser mayor o menor.

En el caso de los **vendavales**, éstos no suelen ser peligrosos en nuestro país, aunque ocasionalmente pueden tener velocidades grandes (mayores de 190 km/h) en el norte peninsular. Si superan los 75 km/h se definen como de peligrosidad alta. Los **ciclones**, en cambio, se producen por elevaciones de masas de aire caliente sobre aguas calientes cargadas de mucha humedad; éstos dan lugar a lluvias torrenciales.

Un problema más grave causado por los temporales son los desbordamientos, causados por una caía de agua muy abundante en un periodo de tiempo muy corto. El levante español es una zona muy afectada por este tipo de precipitaciones, que ocasionan daños en la agricultura y construcciones. Estos daños vienen incrementados por la construcción en zonas marginales de ríos y mares. Factores como la escasez de vegetación y la alta pendiente favorecen que se produzcan estos tipos de situaciones.

Como medidas, se elaboran muros, canales y presas para contener los excesos de aguas. Pero son muy más útiles las medidas preventivas como las repoblaciones, los **mapas de prevención de riesgos hidráulicos**, sistemas de información hidrológica, etc.

3.2.2. Riesgos erosivos

En los riesgos erosivos intervienen tres compartimentos: atmósfera, hidrosfera y litosfera. Las altas pendientes de nuestro país hacen que sean frecuentes este tipo de riesgos en muchas zonas; además, vienen incrementados cuando se realizan actuaciones sobre el medio.

Los **deslizamientos de tierras** y **desprendimientos** son muy frecuentes cuando se realizan modificaciones del terreno por parte del hombre como el socavamiento de bases de taludes para vías de comunicación, excavaciones mineras, etc. Ante éstos, las medidas preventivas son el estudio y la utilización de la cartografía adecuada y acciones correctoras como la realización de muros, anclajes, drenajes, etc., que eviten o minimicen estos riesgos. Los deslizamientos y desprendimientos son frecuentes en zonas del Cantábrico, las Béticas, Levante y Canarias.

Respecto a la **erosión litoral**, cabe decir que España tiene unos 3000 km de costas, por lo que este tipo de riesgo se tendrá que estudiar con detalle. Las olas producen erosión del litoral, y después el material es transportado por las corrientes de deriva hacia otras zonas. La construcción de rompeolas, diques, playas artificiales y núcleos con una alta concentración de población, hace que se aumente este riesgo. Las medidas de prevención y recuperación que se tomen serán útiles a corto plazo, pues el mar lleva mucha energía y va actuando, además, de manera constante.

Otro factor a tener en cuenta es el problema de la **erosión de los suelos** y la **desertización**... (esto ya lo hemos tratado en el tema 15).

3.2.3. Riesgos asociados al karst

Las zonas kársticas, muy frecuentes en España, son de especial riesgo por la facilidad con que se producen excavaciones y frecuencia de la presencia de éstas. Se pueden producir hundimientos en las edificaciones y vías de comunicación. También puede ser un riesgo para las grandes obras hidráulicas, como las presas, pues el agua puede infiltrarse por un sistema kárstico y perderse.

Las medidas que normalmente se adoptan para luchar contra este riesgo es la realización de **mapas del karst de España**, y adoptar medidas adecuadas en cada caso una vez vista la situación del terreno donde se va a actuar.

4. ORDENACIÓN DEL TERRITORIO

La ordenación del territorio podría definirse como el diseño y la realización de un conjunto de acciones encaminado a conseguir un buen uso de la superficie terrestre por parte del ser humano. Esto requiere de un estudio previo.

Para realizar este tipo de estudios se suelen establecer tres etapas:

- **Planificación del trabajo.** Se realiza un análisis y diagnóstico de la zona que se va a estudiar y de los factores que hay que tener en cuenta. También se toman en cuenta aquí las recomendaciones pertinentes.

- **Ordenación de territorio.** Se establece una normativa que recoja lo que se ha acordado a raíz de la información tomada en el paso anterior.

- **Manejo y gestión del proyecto.** Se implanta el proyecto y se hace un seguimiento y control de las actividades y usos del territorio.

El primer paso es de carácter propiamente técnico, mientras que en los dos últimos entran en juego órganos legislativos y ejecutivos.

Por otra parte, dentro de las actividades de planificación y ordenación de un territorio existen varios niveles de concreción. Destacamos tres:

- **Nivel macro.** También se llaman general o nacional. En él se definen las políticas y prioridades de desarrollo. Se utilizan datos globales (socioeconómicos, infraestructurales, geológicos, de recursos existentes, problemas ambientales...), que son tratados estadísticamente. Se evalúa el impacto ambiental y se elaboran varias propuestas. Este trabajo viene reflejado también en mapas de gran escala, 1:100.000 y 1:3.000.000.

- **Nivel meso.** Conocido también como regional o de localización. En este nivel se definen las áreas aptas para cada una de las actividades que se desean promover en la zona. También se delimitan las áreas más frágiles, de cierto interés económico o ecológico, zonas mineras, forestales... En definitiva, se clasifica el territorio según el interés que despierte. Por otra parte, se establece el impacto que cada actividad tendría sobre cada una de las zonas del territorio, así como la prevención de los posibles conflictos entre los diferentes usos e intentar paliarlos. Se utilizan mapas entre 1:25.000 y 1:200.000.

- **Nivel micro**. También llamado local o de proyecto. Se estudian detalles en el ámbito municipal, para el desarrollo de proyectos específicos (urbanísticos, industriales...). En este nivel se debe especificar ya la ubicación concreta de la actuación, establecer el proyecto final, definir las medidas de prevención de impactos, de seguimiento y control. Se usan mapas de escala mayor o igual al 1:10.000.

Esta sucesión de niveles es, como bien puede verse, una idealización y simplificación de la realidad, puesto que, en ocasiones, se han de resolver ciertos problemas sin que se hayan resuelto otros a nivel superior. No obstante, es de gran ayuda pues sirve para ordenar las actuaciones que se han de llevar a cabo en cada momento.

De todas estas fases, la más larga y costosa es la de recogida de datos, la cual, en muchas ocasiones, va cambiando con el tiempo. Así, los sistemas han de ser los suficientemente flexibles como para permitir la incorporación de nueva información.

5. CONCLUSIÓN

Como hemos podido ir viendo a lo largo del tema, la Península Ibérica ha tenido un historia geológica muy variada que ha hecho que tenga gran adquiera, hoy día, gran variedad de paisajes y formas.

Esta historia ha repercutido, además de en el paisaje, en la distribución de recursos y en los asentamientos humanos. Esto genera, por otra parte, una serie de riesgos sobre las poblaciones humanas.

Por estos motivos, el territorio se ha de ordenar de la manera más adecuada para minimizar los riesgos y sacar el mayor provecho de los recursos, respetando la estructura y dinámica del medio natural.

Bibliografía útil:

AGUEDA, J. y otros (1983) "Geología", Ed. Rueda.

ANGUITA, F. y MORENO, F. (1993) "Procesos geológicos externos y geología ambiental", Ed. Rueda.

AMOROS, J.L. y otros (1991) "Geología", Ed. Anaya.

GONZALEZ, S. (1996) "Guías metodológicas para la elaboración de estudios de impacto ambiental", Ed. Ministerio de Fomento.

LILLO, J. y otros (1982) "Geología", Ed. Ecir.

LILLO, J. y otros (1978) "Prácticas de geología", Ed. Ecir.

MELÉNDEZ, B y FUSTER, J. (2001) "Geología", Ed. Paraninfo.

MOLINA, M. y CHICHARRO, E. (1990) "Fuentes de energía y materias primas", Ed. Síntesis.

MORALES, G. y otros (1993) "Geografía de Canarias", Ed. Prensa Ibérica.

STRAHLER, A. (1997) "Geología física", Ed. Omega.

TEJADA, G. (1994) "Vocabulario geomorfológico", Ed. Akal.

TERAN, M. y otros (1981) "Geografía general de España", Ed. Ariel.

TEMA 22

EL ORIGEN DE LA VIDA Y SU INTERPRETACIÓN HISTÓRICA. EVOLUCIÓN PRECELULAR. LA TEORÍA CELULAR Y LA ORGANIZACIÓN DE LOS SERES VIVOS.

0. Introducción
1. Interpretación histórica del origen de la vida
2. Condiciones ambientales en la Tierra primitiva
3. Las primeras formas de vida
4. El mundo precelular
5. El origen de las células
6. La teoría celular
7. Organización de los seres vivos
8. Conclusión

0. INTRODUCCIÓN

Unos seres que se adaptan a las variaciones de su entorno, que se nutren de él y que, dadas las circunstancias oportunas, se multiplican formando seres iguales a sí mismos. Estas son las tres propiedades que debería cumplir el primer organismo vivo, y todos sus descendientes. ¿Cómo surgió esta forma peculiar de organización de la materia? ¿Qué pruebas tenemos de este origen? ¿Cómo se formaron las primeras células? ¿Cuándo se supo que todos los seres vivos están constituidos por ellas? ¿Cómo se organizan estructuralmente estos seres vivos? A estas cuestiones trataré de responder brevemente en esta exposición. Lo haré siguiendo el siguiente orden... (es muy conveniente exponer con claridad el orden que se va a seguir, leer el índice de una forma ágil)

1

1. INTERPRETACIÓN HISTÓRICA DEL ORIGEN DE LA VIDA

1.1. La teoría de la generación espontánea

Desde la época clásica hasta entrado el siglo XVII, la forma mayoritaria de entender científicamente la aparición de formas vivas sobre el planeta venía de la mano de la Teoría de la generación espontánea. Cuando contemplamos esta idea actualmente, nos parece de poco peso y rigor científico, pero conviene puntualizar que se trataba de una posibilidad muy acorde con los conocimientos y herramientas científicas de aquel momento histórico (los mecanismos reproductores de animales pequeños no estaban descritos en detalle, no se conocía la existencia de vida microscópica,...) Científicos relevantes como **William Harvey** mantenían esta idea, al menos para seres vivos sencillos, e incluso existían protocolos experimentales (como las recetas del médico belga **Van Helmont**) en los que se exponían las condiciones para obtener determinadas especies vivas por generación espontánea.

Las primeras discrepancias serias con esta teoría las expresa **Sir Thomas Browne** (médico y pensador inglés) en 1646, en su libro *"Pseudodoxia Epidemica: Enquiries into Very many Received Tenets, and commonly Presumed Truths"*.

Tras estas reflexiones preliminares se van añadiendo evidencias de formas de vida desconocidas, provinentes de la serie de observaciones microscópicas del siglo XVII, realizadas por **Anthony Van Leeuwenhoek, Marcello Malpighi, Nehemiam Grew, Robert Hooke, Jan Swammerdam y Reigner De Graaf**, entre otros. Sin embargo, esta serie de observaciones, que alcanzaron gran popularidad social por su carácter novedoso, reforzaban la teoría de la generación espontánea, ya que lo más natural era pensar que los seres observados se formaban por esta vía.

Los trabajos de **Francesco Redi** en 1688 con moscas carnívoras aportan un argumento experimental de primer orden contra la teoría. Poniendo carne en frascos de cristal, observó que sólo "surgían" moscas de aquellos fragmentos de carne en los que el acceso previo de otra mosca estaba permitido. Eran pues los huevos depositados, y no la carne, el punto de origen de las formas vivas. No obstante, el mismo Redi consideraba que la generación espontánea se daba en otros casos, como en las agallas. Fue el médico **Antonio Vallisnieri** (1661-1730) quien explicó que las agallas eran secreciones patológicas producidas por la picadura de un áfido, y que los insectos surgían de huevos previos.

A partir de la experiencia de Redi, la idea de que la vida macroscópica se originaba mediante mecanismos espontáneos fue diluyéndose. No obstante, se sucedían las observaciones de que la vida microscópica sí que seguía un mecanismo de surgimiento espontáneo. En 1768, el biólogo italiano **Lazzaro Spallanzani** demostró que los microbios están presentes en el aire y pueden ser destruidos por calor. Sin embargo, muestras esterilizadas de este modo volvían a contaminarse y el fenómeno se seguía observando.

El experimento concluyente fue aportado por **Louis Pasteur** en 1861, en el que empleó los famosos matraces con cuello de cisne para conseguir un protocolo de esterilización eficiente. Con este impedimento estructural, la contaminación bacteriana de muestras previamente esterilizadas se hizo imposible en la práctica.

1.2. La hipótesis de Oparin-Haldane

Como idea intelectual, pueden verse ligeras insinuaciones de esta hipótesis en el pensamiento de uno de los filósofos empiristas del sur de Italia ya en el siglo V antes de Cristo, Empédocles de Agrigento, que afirmó que la Tierra tenía en la antigüedad un poder generador que ahora no tiene y que en esa época se generaron numerosas especies que se han ido perdiendo por competencia con otras.

La hipótesis fue formalmente descrita por Oparin y Haldane de forma independiente a finales de la década de los 20, en dos obras tituladas "El origen de la vida". En ellas, critican algunas visiones históricas del problema, como la generación espontánea o la idea de que la vida ha existido desde siempre en el universo y ha migrado a la Tierra, y proponen que la vida se originó hace mucho tiempo en algún lugar del planeta y fue precedida por un largo periodo de evolución química de compuestos ricos en carbono y nitrógeno. Los puntos fundamentales de su exposición son los siguientes:

- La atmósfera primitiva debía tener metano, hidrógeno y amoniaco (por analogía con otros planetas), además de vapor de agua (por estar presente en las erupciones volcánicas actuales)
- Las altas temperaturas, radiaciones (UV) y actividad volcánica habrían propiciado reacciones químicas entre estos componentes, llegando a productos como los aminoácidos
- Estos aminoácidos no acompañan al agua durante todo el ciclo hidrológico, sino que permanecen depositados sobre las rocas, a elevada temperatura, lo que pudo propiciar su polimerización

3

- Mediante el agua de lluvia se fueron originando los primeros mares, donde estos aminoácidos y pequeños péptidos eran conducidos. Allí se iban acumulando y reaccionando entre sí
- Allí, estas proteínas pasaron a formar agregados coloidales, que ellos denominan coacervados, que podrían eventualmente recubrirse con una membrana rudimentaria, que no tiene porque ser de naturaleza lipídica
- Estos coacervados recubiertos de membrana, podrían llegar a dirigir su propia síntesis, a partir de la adquisición de esta capacidad serán denominados protobiontes por Oparin

Esta hipótesis no resuelve el problema del origen de la vida, pero sí establece un marco teórico ordenado sobre el que futuros experimentos irán ayudando a elaborar la visión científica actualmente más aceptada de este proceso.

A continuación, tras exponer algunas teorías alternativas que han aparecido en la historia (apartado 1.3.), explicaré las ideas más aceptadas actualmente sobre el origen de la vida (capítulo 2 y 3), que consisten básicamente en la hipótesis de Oparin-Haldane mejorada y detallada por un intenso trabajo científico desde los años 30 hasta la actualidad.

1.3. Hipótesis alternativas

En enero de 1956, Stanley W. Fox, un científico del Instituto de Evolción Molecular de la Universidad de Miami, publicaba en *Nature*, apoyada por datos experimentales, la siguiente idea. En el camino desde la materia orgánica soluble al origen de las células hay un **paso intermedio: la formación de microesferas proteicas**. Fox había conseguido que péptidos pequeños se autoensamblaran en pequeñas esferas empleando condiciones muy semejantes a las que se suponían para la atmósfera primitiva.

En 1985, Alexander Cairns-Smith, químico de la Universidad de Glasgow, explicó en su libro *"Seven clues to the origin of life"* que cierto tipo de **cristales son capaces de autoreplicar su estructura sobre un soporte sólido formado por arcillas**. Según esta idea, los primeros procesos de autoreplicación podrían haberse producido gracias a sistemas inorgánicos sin que fuese necesario ningún soporte genético orgánico.

En los años 80, Günter Wachtershäuser, químico alemán, elaboró algunos trabajos hablando de la posibilidad de situar el **origen de la vida en las fuentes hidrotermales submarinas ricas en compuestos de azufre**. La energía empleada en los procesos vivos no procedería directamente del Sol sino del calor presente en la Tierra y de la oxidación de compuestos reducidos ricos en azufre. Otra idea interesante en la que insistió Wächtershäuser es que **la** evolución metabólica **es anterior a la consecución de un mecanismo autoreplicativo** y de un compuesto químico que lo sustente.

Otra forma de enfocar la cuestión proviene de la hipótesis de la **panspermia**, según la cual existirían semillas de vida por todo el Universo (se ha empleado el término exogénesis para referirse a un origen externo sin necesidad de asumir que su distribución sea ubicua). Se encuentran referencias tempranas a esta idea en el filósofo griego Anaxágoras (S.V a.C) y el antropólogo francés Benoit de Maillet (1743). Posteriormente es una idea contemplada por científicos tan relevantes como el químico sueco Svante Arrhenius o el astrónomo inglés Frederick Hoyle, y que sigue teniendo peso en la discusión actual del origen de la vida. De todas formas, aunque esta fuese la explicación correcta, no haría más que trasladar el enigma del origen de la vida a otra localización, pero continuaría sin resolverlo.

2. ESTADO ACTUAL DE LOS CONOCIMIENTOS SOBRE EL ORIGEN DE LA VIDA

2.1. Condiciones ambientales en la tierra primitiva

En este apartado, describiré el ambiente del planeta Tierra en el periodo que va desde su formación (hace aproximadamente 4600 ma) hasta hace unos 3200 ma, es decir, las condiciones fisicoquímicas que albergaron según parece el origen de la vida.

El ambiente de la Tierra difería del actual en numerosos aspectos, que iré citando a continuación.

2.1.1. Estructura de los océanos y continentes

El porcentaje de tierra emergida con respecto al total de la superficie era muy bajo (material de naturaleza volcánica, elevaciones de alguna dorsal oceánica –como el caso de la actual Islandia- y fragmentos engrosados de corteza oceánica –como la actual placa de Ontong Java en el Pacífico-). Estas escasas tierras emergidas albergaban, no obstante, numerosos ambientes en los que poder situar, desde una perspectiva teórica, el origen de la vida.

Las rocas más abundantes eran de naturaleza básica y ultrabásica. Las superficies de estas rocas son bastante reactivas, y parecen muy adecuadas para que sobre ellas se empiecen a desarrollar organismos, o más inicialmente procesos, de naturaleza quimioautótrofa.

2.1.2. Temperatura

Los investigadores norteamericanos Knauth y Lowe (2003) detectaron concentraciones muy bajas del isótopo $\delta^{-18}O$ en rocas sedimentarias ricas en sílice de la formación geológica de Barberton (Sudáfrica). A raíz de este dato, numerosos investigadores coinciden en asignar a los océanos tempranos (3200-3800ma) una temperatura en el rango 55°-85°C.

Este hecho redundaría en una mayor velocidad de reciclaje tectónico y en una mayor actividad de las grietas hidrotermales. Asimismo, sugiere que los primeras formas de vida debieron ser termófilas, aunque no necesariamente hipertermófilas.

2.1.3. pH y salinidad de los océanos

En este punto no existe a día de hoy (2007) una clara coincidencia de los datos científicos.

Algunos estudios sugieren que el pH del océano primitivo debía ser básico, por analogía a los actuales lagos volcánicos. Otros, en cambio, sugieren que era un pH ligeramente ácido (en torno a 5) debido a la gran cantidad de CO_2 atmosférico. Algunos estudios, incluso, proponen un pH neutro semejante al actual.

Respecto a la salinidad, las hipótesis vigentes sugieren valores iguales o ligeramente superiores a los actuales.

2.1.4. Composición atmosférica

La radiación solar en los orígenes del planeta era probablemente un 30% menos intensa que actualmente. Sin embargo, existen indicios muy antiguos de presencia de agua líquida en el planeta. Esto podría explicarse por una elevada magnitud del efecto invernadero, causada por concentraciones elevadas de CO_2. Algunos científicos, en cambio, ven posible que esto se explique por una elevada concentración de metano (gas que es 36 veces más efectivo que el CO_2 en provocar este efecto).

La imagen más consensuada de la atmósfera primitiva señala que era rica en CO_2, y que en ella se encontraban pequeñas concentraciones de otros gases como vapor de agua, N_2 y CH_4.

Aunque algunos estudios actuales aún sugieren que la concentración de O_2 en la atmósfera primitiva era similar a la actual (Ohmoto, 1999), la hipótesis más aceptada es que su concentración era muy baja, menor de un 1%. Esta cantidad de oxígeno, seguramente originado a partir de la fotolisis del agua, debió existir, como se deduce de la presencia de formaciones de óxido de hierro en bandas. Ahora bien, su baja concentración tiene dos efectos fundamentales con respecto al origen de la vida:

- Las primeras formas vivas fueron anaeróbicas
- La radiación UV era muy intensa en la superficie terrestre

2.1.5. Otras características del planeta

Parece que la atmósfera primitiva era muy densa, especialmente por los restos de las erupciones volcánicas.

Existen datos que revelan que la Tierra primitiva fue sometida a gran cantidad de impactos procedentes del exterior. Se han detectado, por ejemplo, esferulitas con concentraciones inusuales de un isótopo de Cr de origen extraterrestre, lo que indica un elevado flujo de impactos en el rango de 3500 - 3200 ma de antigüedad (estudios de varios investigadores en 2003).

Finalmente, señalar que la duración del día era menor, debido a una mayor velocidad de rotación terrestre, y que las mareas eran de mayor intensidad, por la mayor cercanía de la Luna.

2.2. Las primeras formas de vida

Si se da por hecho que la vida se originó en la superficie de la Tierra, existen pocos lugares que contengan actualmente rocas de esa época, en las que sea relevante hacer una búsqueda de datos experimentales. Estas rocas pueden ser de 4 tipos:

- Material volcánico
- Rocas sedimentarias a partir de este material
- Minerales precipitados
- Minerales de origen evaporítico

Las formaciones rocosas más antiguas de este estilo son la formación de Isua/Akilia, al suroeste de Groenlandia (de más de 3700 ma) y las formaciones de Pilbara (noroeste de Australia) y Barberton (zona este de Sudáfrica), ambas datadas en el periodo entre 3200 y poco más de 3500 ma. Se trata de formaciones rocosas denominadas en inglés *greenstone belts* (que vendría a traducirse como "cinturón de rocas de tono verdoso"), compuestas de material de origen volcánico que ha sufrido numerosos ciclos metamórficos y que alberga además pequeñas cantidades de material sedimentario.

2.2.1. Las formaciones de Isukasia/Akilia

Los investigadores Hans Pflug (alemán) y H. Jaeschke-Boyer (francés) publicaron en agosto de 1979 en la revista *Nature* unas micrografías realizadas con microscopio electrónico de morfologías de aspecto bacteriano, encontradas en material ligeramente ácido rico en carbono de la formación Isukasia, datadas con 3800 ma de antigüedad. Estas formas vivas se denominaron *Isuasphera isua* y han sido consideradas durante años como la primera forma de vida.

Junto a estas micrografías, un estudio más reciente (Robbins, 1987) detectó restos de organismos similares en rocas ricas en hierro de la misma formación rocosa, que se denominaron *Appelella ferrifera*. Además, numerosos estudios a principios de siglo XXI han indicado la existencia en Isukasia y Akilia de materiales especialmente pobres en el isótopo 12 del carbono, reflejando un proceso selectivo de consumo de CO_2 típico de procesos biológicos.

Recientemente, no obstante, diversos datos parecen indicar que la evidencia de vida en Isukasia no es tan clara. De entrada, el elevado grado de metamorfismo de estas rocas, hace difícil cualquier conclusión acerca del origen de los materiales que incluyen.

Por otro lado, el equipo dirigido por la paleontóloga francesa Westall mostró de forma muy clara en un estudio de 2003 cómo organismos actuales con capacidad endolítica (como algunos hongos y cianobaterias) pueden habitar microfisuras de estas rocas, e incluso puede depositarse en ellas material sedimentario rico en carbono disuelto en aguas de lluvia.

En contra de los estudios de la variación isotópica del C debida a procesos biológicos, numerosos mecanismos abiogénicos (reacciones de Fischer Tropsch, decarbonatación de la magnetita, descomposición térmica de la siderita que origina grafito,...) han sido propuestos para explicar el origen del escaso porcentaje de ^{12}C en muestras carbonadas.

Así pues, las evidencias de vida sobre la Tierra datadas en 3800 ma de antigüedad, si bien parecen posibles por otros motivos (como la complejidad observada en fósiles posteriores), no parecen estar respaldadas de forma contundente por los datos experimentales que se tienen actualmente (2007).

2.2.2. Formaciones de Barberton y Pilbara

Se trata de formaciones rocosas con antigüedad entre 3200 y 3500 ma. Contienen zonas de origen volcánico, intrusiones graníticas y sedimentos muy bien conservados compuestos de clastos volcánicos y otros materiales. El grado de conservación de los materiales sedimentarios en ambos lugares es muy bueno (pese a que la formación de Barberton sufrió un ligero proceso metamórfico hace unos 2600 ma). Las deposiciones sedimentarias se realizaron durante largos periodos separados por erupciones volcánicas de corta duración. Estos lugares contenían numerosos hábitats para un posible inicio de la vida (desde zonas profundas en el océano hasta aguas superficiales o ambientes subaéreos).

En un importante trabajo de revisión, los investigadores Schopf y Walter (1983) indicaron hace años que la mayoría de fósiles descritos hasta el momento en estas formaciones rocosas eran artefactos o contaminantes mal catalogados. Ha existido hasta la actualidad un continuo e intenso debate sobre las evidencias que ha de mostrar una muestra para que podamos pensar en ella como un indicio de vida. El consenso científico actual acepta los siguientes criterios (descritos por la paleontóloga francesa Frances Westall en 2004). Citaré algunos de ellos:

- la existencia de vida debe ser coherente con el entorno geológico existente en ese momento

- debe atenderse a algunas características estructurales (morfología, tamaño, textura de la pared celular, evidencia de división celular)

- características de la colonia (si se forma, si hay evidencias de flexibilidad en el caso de colonias filamentosas, si hay evidencia de productos extracelulares generados, posibilidad de formar biofilms cercanos a superficies rocosas)

- composición rica en carbono (aunque hay entornos de oxidación que no preservan el carbono orgánico)

- frecuencias isotópicas compatibles con la vida

Según estos criterios, está ampliamente aceptado que existieron formas de vida en las formaciones de Barberton y Pilbara hace 3400-3500 ma. Se trataba de organismos semejantes a los actuales procariotas y que presentaban morfologías muy variadas (bacilos, cocos, vibrios, filamentos,...). Se agrupaban en colonias con forma de domo, de cono o formando estratos. La denominación más común de estas colonias es la de estromatolitos. La ploriferación de estos organismos formaba biocapas (biofilms) sobre sedimentos de aguas poco profundas o en ambientes evaporíticos. En cuanto a sus condiciones metabólicas, se supone que todos serían termófilos y en muchos casos halófilos o, al menos, halotolerantes. Según parece, algunos de ellos desarrollaron formas de fotosíntesis anoxigénica. Este metabolismo autótrofo pero anaerobio limitaba las posibilidades de extensión de las colonias.

2.2.3. Evolución posterior

A partir de estos organismos, se fue evolucionando hacia formas de vida cada vez más complejas.

Se han encontrado fósiles aislados de cianobacterias de hace 3200 ma, lo que indica un lejano origen de la **fotosíntesis**, confirmado al observar que estas mismas bacterias aparecen en gran abundancia en el registro fósil hace 2700 ma. Parece ser que la concentración de O_2 atmosférico ya era semejante al actual 21% hace 2500 ma.

Los primeros fósiles de **células eucariotas** corresponden a unas estructuras difíciles de clasificar denominadas acritarcos. Se les han asignado en algunos casos antigüedades de 2000 ma. Si bien la interpretación de que los acritarcos sean verdaderos eucariotas es aún discutible, existen fósiles de hace 800 ma que corresponden inequívocamente a grupos eucariotas actuales, lo que constituiría una fecha mínima para situar el origen de este nuevo patrón organizativo en las células.

2.3. ¿Cómo era el mundo precelular?

Está bastante aceptado que debieron existir dos eventos principales en esta etapa precelular de la formación de los sistemas biológicos. Por una parte, el paso de materia inorgánica a materia orgánica, por otro lado, la formación de sistemas químicos autoreplicativos. Analizaremos ambas cuestiones.

2.3.1. ¿Cuál fue el origen de las moléculas orgánicas?

El experimento publicado por Stanley Miller en la revista *Science* el 15 de Mayo de 1953 se considera la primera prueba contundente de la hipótesis de Oparin-Haldane.

Miller aplicó una descarga eléctrica a una mezcla de metano, amoniaco, hidrógeno y vapor de agua (componentes de la atmósfera primitiva aceptados en aquella época). Sorprendentemente el resultado no fue una mezcla aleatoria de compuestos orgánicos sino una disolución especialmente enriquecida en algunos aminoácidos (alanina, glicina, ácido glutámico y ácido aspártico), hidroxiácidos y urea.

En 1961, el bioquímico catalán Joan Oró publicó en *Nature* la síntesis de adenina a partir de cianuro de hidrógeno, exponiéndola como una reacción sorprendentemente sencilla.

En 1968, el grupo de Leslie E. Orgel, publicó la obtención de cianoacetileno a partir de metano e hidrógeno. Esta molécula es un precursor de la síntesis de pirimidinas (uracilo y citosina).

Aunque habían pasado desapercibidos, dos estudios de 1861 del químico ruso Alexander Butlerow, cobraron importancia tras el experimento de Miller y han sido reconsiderados en el debate sobre el origen de la vida. En ellos se había conseguido la síntesis directa de azúcares a partir de formaldehido.

Una de las críticas fundamentales de todos estos estudios se ha desarrollado a partir de datos recientes que parecen indicar que la atmósfera primitiva no era tan reductora como se pensaba. No obstante, la variedad de condiciones de la que parten las experiencias anteriores hace pensar que la síntesis orgánica espontanea a partir de precursores inorgánicos pudo producirse en algún lugar y momento de la Tierra primitiva.

2.3.2. ¿Cuál fue el mecanismo para formar sistemas autoreplicativos?

En algunos trabajos de Alexander Rich en 1963, se empezó a insinuar la idea de la existencia de un **mundo prebiótico de ARN** en el cual estas moléculas funcionarían al mismo tiempo como almacenadoras de la información genética y como catalizadoras del proceso de replicación. Esta idea se acepta en la actualidad por un amplio sector de la comunidad científica.

El problema actualmente se traslada a la siguiente pregunta: **¿Cómo se originó el mundo de ARN?** Es decir, ¿Fue el ARN el primer material genético o fue precedido por materiales genéticos más simples?

Debido a la importancia del mundo de ARN, algunos científicos restan interés a que Miller encontrara aminoácidos, ya que estos no serían necesarios o podrían ser fabricados posteriormente mediante catálisis dirigida por ARN. El problema que debe ser resuelto es la fabricación de nucleótidos desde materia inorgánica. Joan Oró, como hemos visto, propuso una síntesis abiótica para la adenina, y Leslie E. Orgel para las pirimidinas, pero se trata sólo de la base nitrogenada. Faltan pruebas acerca del ensamblaje de base, azúcar y fosfato de cara a formar el primer nucleótido.

Otro punto importante ¿cómo se cataliza la unión de monómeros para formar oligonucleótidos? Eklund y colaboradores han aislado ARNs catalíticos que dirigen las reacciones de polimerización (*Nature*, 1996) y ligación (*Science*, 1995). Pero esto sería un primer paso sólo. ¿Quién sintetiza este primer ARN catalítico?

Resultan muy interesantes en este sentido los experimentos de James P. Ferris, presentados en *Nature* en 1996, en los que consigue formar oligómeros de ARN y polipéptidos empleando como catalizador un soporte mineral (montmorillonita -en el caso del ARN- y cristales de ilita e hidroxiapatita -para la formación de péptidos-). Esta polimerización sobre soporte mineral podría haber sido el primer paso en la génesis del mundo de ARN. Evidentemente, esta idea necesita mayor respaldo experimental.

Se ha explorado la posibilidad de que los nucleótidos que intervengan en estas reacciones iniciales no sean ni ARN ni ADN sino derivados químicos con análogos de azúcar tipo imidazol, arabinosa,... Incluso se ha pensado en unos derivados híbridos entre proteína y ácido nucleico, los denominados PNAs (del inglés Peptide Nucleic Acid) en los que, sobre un esqueleto peptídico, se ordenan las diferentes bases nitrogenadas.

El mundo del ARN es, como se intenta mostrar, un campo en intenso estudio. De este esfuerzo surgirá probablemente una explicación plausible de los pasos que llevaron de las primeras moléculas orgánicas a los primeros sistemas autoreplicativos.

2.3.3. El origen de las primeras células

De entre los sistemas químicos precelulares, aquellos que fuesen capaces de autoacelerar su propia síntesis obtendrían una posición muy ventajosa, y si consiguiesen además generar herramientas que acelerasen más el proceso, aún sería más probable que mantuvieran su existencia. Pero, ¿qué ocurriría si, después de este esfuerzo adaptativo, no desarrollaran algún mecanismo de aislamiento físico? Las innovaciones químicas generadas pasarían a ser propiedad de todos y no reportarían ninguna ventaja al sistema que las produjo... he aquí la razón del éxito de las primeras unidades de la vida -las células- y la importancia de aparición de la membrana plasmática.

¿Cómo se dio este paso? La literatura científica es realmente escasa a este respecto. La idea más aceptada es que una serie de moléculas anfipáticas envolvería a un sistema autoreplicativo, confiriéndole la ventaja que he comentado anteriormente: ahora las herramientas producidas por el sistema son para su uso propio, haciendo más intensa, para bien o para mal, la acción de la selección natural sobre ese sistema.

3. LA TEORÍA CELULAR

3.1. Primeras observaciones de células

Algunos autores citan a Hans Janssen y Zacharias Hanssen (su hijo) como los inventores del microscopio compuesto, en 1590, pero esta afirmación no está suficientemente documentada, y muchos autores consideran anónimo al primer fabricante de este invento. En el siglo XVII encontramos una serie de hábiles constructores de microscopios que empezaron a realizar observaciones de los tejidos vivos en esa nueva perspectiva dimensional. Algunas de sus aportaciones son importantes para la gestación de lo que será enunciado como la teoría celular en el siglo XIX. Pasaré a hacer un comentario breve de las mismas.

Marcello Malpighi, médico italiano, en su obra *"De pulmonibus observationes anatomicae"* (1661), explica que los pulmones están constituidos por una red de células de paredes muy finas. En otro trabajo describe las células piramidales de la corteza cerebral. Cabe destacar también la descripción de células en tallos vegetales, realizada pocos años después por el médico inglés **Nehemian Grew**. Ambos, sin embargo, no llegaron a detectar el significado universal de las células.

El microscopista de más renombre, considerado padre de la microbiología, **Antoni Van Leeuwenhoek**, describe los espermatozoides de muchas especies (aunque el primero que los cita es otro holandés, Jan Hamm). Dejó constancia en sus ilustraciones de animalículos presentes en las infusiones (se trata de las primeras observaciones de células procariotas).

Robert Hooke fue un científico inglés polifacético, junto a sus importantes aportaciones de matemáticas, química y física, es conocido en biología por su obra "Micrographia or some phisiological descriptions of minutes bodies made by magniphying glasses", escrita en 1665. En ella se recoge el primer uso del término "célula", para referirse a las cavidades observadas en la estructura microscópica del corcho. Aunque Hooke emplea el término en un sentido diferente que los citólogos posteriores (ya que él consideró que las células del corcho eran cámaras que permitían el transporte de fluidos en la planta), el término moderno "célula" viene directamente de este libro.

Otras observaciones importantes de células en el siglo XVII son las realizadas por **Swammerdam** (que observó las células de la sangre) y por **Regnier De Graaf**, médico holandés que describió por primera vez que la fecundación humana tenía lugar en las trompas de Falopio, oponiéndose a la descripción aristotélica, y observó las células implicadas, denominando célula huevo a lo que hoy conocemos como folículos de De Graaf.

Seguidamente, encontramos observaciones de estructuras intracelulares. En 1781, unos trabajos de **Felice Fontana**, físico del norte de Italia, muestran el núcleo de células epiteliales. Son aún más relevantes las conclusiones del botánico escocés, **Robert Brown**, quien en 1831 es el primero en referirse al núcleo como un constituyente esencial de todas las células vivas.

3.2. La formulación de la teoría celular

En la década de 1830 se introdujeron los primeros microscopios acromáticos, que eliminaban el defecto óptico denominado "aberración cromática" permitiendo una mayor resolución. Se progresó también considerablemente en las técnicas de conservación y tratamiento de muestras. Ambas mejoras técnicas permitieron la aparición de observaciones histológicas mucho más precisas.

En 1938, el botánico alemán **Matthias Jakob Schleiden** afirmó que todo elemento estructural de las plantas está compuesto por células o por sus productos. El año siguiente, el zoólogo alemán **Theodor Schwann** expuso una conclusión similar referida al mundo animal. En su libro se recogen frases como las siguientes: "las partes elementales de todos los tejidos están formadas por células" o "existe un principio universal de desarrollo para las partes elementales de los organismos... y dicho principio es la formación de células". Las conclusiones de Schleiden y Schwann son reconocidas como la formulación oficial de la teoría celular.

Esta teoría, no obstante, sería completada posteriormente. En la descripción de Schleiden, se habla de un "núcleo de cristalización" (refiriéndose al núcleo celular) alrededor del que se va formando el "citoblasto" (actual citoplasma) por un proceso progresivo de crecimiento. Mediante este proceso, similar a la cristalización mineral a partir de un punto de nucleación, se formarían las nuevas células. Esta idea recuerda, aunque en una dimensión celular, a la teoría de la generación espontánea. Una cantidad de materia inerte pasa a constituir, sin concurso de nada más, la unidad fundamental de la vida.

Los trabajos de **Robert Remak, Rudolf Virchow y Albert Kölliker**, a principios de la década de 1850, rechazan claramente esta idea. El origen de nuevas células y la formación de tejidos pasa a entenderse según el mecanismo expuesto en la célebre frase de Virchow: *"omnis cellula e cellula"* (toda célula procede de una célula pre-existente).

La teoría celular constituye un pilar fundamental de la biología, por dos razones:

- Provee el elemento de unidad del mundo vivo: la célula
- Establece el concepto de organismo: conjunto de células y productos

La célula se ha convertido desde este enunciado no sólo en el sujeto de la vida, sino en el sujeto de la patología. Es la célula la que "enferma". Y esta visión de la enfermedad centrada en la célula (expresada por Virchow como la *"Cellularpathologie"*) no será sustituida hasta la aparición de la reciente patología molecular.

3.3. La descripción histórica del interior celular

Tras los trabajos de Schleiden y Schwann, la constitución de la célula se limitaba a una pared externa, un material gelatinoso denominado protoplasma (que Kölliker renombrara "citoplasma") y el núcleo.

A partir de 1870, numerosos logros técnicos (aceite de inmersión, microtomía, nuevas técnicas de fijación y colorantes,...) mejoraron enormemente las observaciones microscópicas.

En 1882, Walther Flemming, un médico alemán, describe con extraordinario detalle la mitosis y emplea por primera vez el término "cromatina" para referirse al material genético condensado. En 1888, Wilhelm Waldeyer, acuña el término cromosoma.

En 1897, C. Garnier, con la denominación "ergastoplasma", describe el actual retículo endoplasmático. En 1898, Carl Benda nombra las mitocondrias (ya observadas por otros autores antes) y Camilo Golgi describe el orgánulo que lleva su nombre.

3.4. La teoría neuronal

Pese a la docilidad de todas las estructuras biológicas para someterse a la norma de la teoría celular, el tejido nervioso no se consideró formado por células hasta más tarde. Su aspecto fluido, su facilidad para deteriorarse y, sobre todo, la complejidad estructural que presenta, evitaron que fuese reconocido como un conjunto de células sino tras intensas investigaciones.

Se conocía la existencia de células en el sistema nervioso. Habían sido observadas y dibujadas, como puede verse en un libro de Karl Deiters de 1965. En el tratado de histología de Kölliker de 1867, el autor habla dice que las células nerviosas de ambas mitades de la médula espinal están unidas por anastomosis. Esta idea fue recogida en 1872 por Joseph Gerlach, histólogo alemán, quien la extendió al conjunto del sistema nervioso. Este estaría formado por una red interconectada de células nerviosas, con un citoplasma común que ocuparía todo el sistema nervioso.

En 1873 se produjo un cambio importantísimo para el conocimiento de la estructura del sistema nervioso. Golgi anunció con la siguiente frase una nueva técnica elaborada por él, "la "reacción negra": "Estoy encantado de haber encontrado una nueva reacción para demostrar, hasta a los ciegos, la estructura del estroma intersticial del córtex cerebral. Dejo reaccionar el nitrato de plata con fragmentos de cerebro impregnados de dicromato potásico. He obtenido resultados magníficos, y espero obtenerlos aún mejores en el futuro".

El punto clave de la reacción propuesta por Golgi es que, no se sabe por qué, ese tipo de tinción marca sólo unas pocas células (del 1 al 5%) y deja intactas las demás, permitiendo un beneficioso contraste. Mediante esta técnica, Golgi observó neuronas y rechazó parte de la idea de Gerlach, observando que las dendritas no formaban un continuo. Sin embargo, sí que pensó que esta continuidad se mantenía por la unión entre los axones. En realidad su error vino de observar varios axones superpuestos.

Hasta este momento, el sistema nervioso continúa siendo una excepción a la teoría celular.

En octubre de 1886, el embriólogo suizo Wilhelm His, estudiando la señal nerviosa en los corpúsculos de Pacini, insinuó la idea de que probablemente el cuerpo de la célula nerviosa junto a sus prolongaciones constituía una unidad independiente. Trabajos del psiquiatra suizo August Forel, en 1887, llegaron a la misma conclusión.

La confirmación experimental definitiva de que las neuronas eran entidades independientes vino de la mano de Santiago Ramón y Cajal en 1888. Sus trabajos, expuestos en la Conferencia Alemana de Anatomía celebrada en Berlín en 1889, dejaron fuera de duda que el sistema nervioso cumplía enteramente los postulados de la teoría celular: estaba constituido totalmente por células y sus productos. Dos años más tarde, apareció el termino neurona (Waldeyer, 1891) para designar a las células nerviosas independientes.

4. LA ORGANIZACIÓN DE LOS SERES VIVOS

Podemos cifrar en alrededor de 2 millones de especies la variedad de seres vivos que pueblan el planeta. Resulta necesario clasificarlos e históricamente se han adoptado diversas estrategias con este fin. El principio lógico de la clasificación de seres vivos debería ser el siguiente: el grado de proximidad entre dos grupos debe ser proporcional a su nivel de parentesco. Es decir, la sistemática a de seguir un criterio filogenético. Evidentemente, son igualmente válidas clasificaciones basadas en criterios muy dispares (morfología, metabolismo, tamaño, hábitos alimentarios,...), pero el criterio filogenético es el que mejor refleja el modo de aparición de diferentes grupos según la evolución.

La metodología para elaborar la clasificación de los seres vivos es compleja y, como toda parte de la biología, ha sufrido un proceso histórico de maduración. En este temario de oposiciones, toda esta materia corresponde al Tema 32, por lo que me limitaré en este capítulo a exponer los **niveles de organización de los seres vivos** y citaré al final, muy brevemente, los diferentes grupos que constituyen la **clasificación actual más aceptada**.

4.1. Niveles de organización de la materia viva

Los constituyentes materiales de los seres vivos se organizan de modo jerárquico (cada nivel de organización contiene a los niveles inferiores y está contenido por los niveles superiores). Yendo desde los niveles básicos a los generales:

> Soy consciente de que este apartado 4.1. coincide totalmente con la primera parte del tema 30. Es una redundancia del temario. Según mi criterio, es un aspecto que corresponde más al tema 30, pero puede venir bien hacer mención a él de forma breve en este tema 22.

- **nivel subatómico** → se trata de las partículas que componen los átomos: protones, electrones y neutrones. Estos protones y neutrones están formados a su vez por quarks. Así, un protón está formado por dos quarks *up* y un quark *down*. Existen muchos otros tipos de partículas (como los *gluones*, que mantienen unidos los quarks entre sí), pero sólo son observables mediante técnicas como, por ejemplo, la introducción de la materia en aceleradores de partículas.

- **nivel atómico** → las partículas subatómicas se agrupan formando átomos. Existen poco más de un centenar de tipos de átomos, clasificados en la tabla periódica. De ellos, no todos forman parte de la materia viva. Los mayoritarios son C, H, O y N, y muchos otros contribuyen también al funcionamiento de los sistemas vivos. Una descripción más detallada se encuentra en el tema 23 de este temario.

- **nivel molecular** → este nivel refleja las agrupaciones atómicas o moléculas. Los átomos, en la materia viva, pueden agruparse para formar moléculas inorgánicas (como las sales minerales o el agua) y moléculas orgánicas (que normalmente se clasifican en cuatro grupos: glúcidos, lípidos, proteínas y ácidos nucleicos)

- **nivel supramolecular inmediato** → las biomoléculas se organizan para formar estructuras diversas de orden superior. Podríamos definir una gran variedad de ellas. Por ejemplo,
    o orgánulos intracelulares
    o componentes intracelulares no organulares (por ejemplo fibras del citoesqueleto, ribosomas...)
    o componentes extracelulares (fibras de colágeno, sales de la matriz ósea,...)

- **nivel celular** → las agrupaciones de moléculas que hemos visto anteriormente se ordenan formando una célula, que, como se ha visto, es la unidad básica de los seres vivos

- **nivel de tejido** → las células forman asociaciones con cierta autonomía funcional y un patrón estructural característico (existen tejidos epiteliales, nerviosos, óseos, epiteliales,...)

- **nivel de órgano** → los tejidos se estructuran formando unidades con un mayor grado de autonomía funcional (en este nivel encontramos órganos como el hígado, el tiroides, el cerebelo,...)

- **nivel de sistema** → algunos manuales señalan este nivel de estructuración. No lo considero imprescindible, dado que no añade mucho conceptualmente al nivel de órgano. Un sistema sería una agrupación de órganos con una función definida, por ejemplo, la función digestiva estaría desarrollada por el sistema digestivo. No obstante, los órganos que se citan normalmente en este sistema no son los únicos que intervienen en la función digestiva, pues también se ve afectada por la actividad nerviosa, la temperatura de la piel, la tensión arterial, el tono muscular, las secreciones suprarrenales,... Por otro lado, un órgano no puede asignarse unívocamente a un sistema, dado que muchos de ellos afectan a diversos procesos.

- **nivel de individuo** → es un conjunto armónico de órganos con completa autonomía (sin olvidar que precisará o se verá afectado por otros individuos y el ambiente) a nivel de las funciones de reproducción, nutrición y relación.

A partir de aquí pueden establecerse una serie de **niveles supraindividuales** (grupo, comunidad, ecosistema) para llegar al nivel máximo de estructuración viva, que correspondería a la biosfera.

4.2. Clasificación de los seres vivos

La clasificación más extendida distingue los siguientes grupos:

Archaea (arqueobacterias). Seres procariotas que presentan una serie de diferencias químicas básicas con las eubacterias (por ejemplo, los fosfolípidos de la membrana plasmática no tienen enlace tipo éster sino tipo éter).Son seres más resistentes. Se descubrieron como habitantes de ambientes inhóspitos (en esto se basa generalmente su clasificación), aunque actualmente se sabe que viven en muchos otros sitios más comunes. Existen unas 300 especies descritas.

Bacteria (eubacterias). Seres procariotas típicos. Están descritas unas 25.000 especies.

Protistas. Se trata de organismos de organización eucariota generalmente unicelulares. Existen unas 150.000 especies descritas. Son los protozoos, algunas algas y algunos tipos de hongos (mixomicetos y oomicetos suelen aparecer como protistas en algunos manuales)

Fungi (hongos). Son organismos pluricelulares que presentan semejanzas con plantas (son estáticos y su pared celular es de quitina -polisacárido similar a la celulosa-) al tiempo que son diferentes de ellas (su nutrición heterótrofa). Por otro lado, presentan semejanzas con animales, ya que su reserva energética es el glucógeno, al tiempo que presentan diferencias fundamentales como la carencia de cilios/flagelos en cualquier fase de su ciclo vital. El grupo comprende unas 100.000 especies descritas.

Plantae (plantas). Organismos eucariotas, generalmente pluricelulares, autótrofos y con tejidos diferenciados. Comprende unas 350.000 especies.

Animalia (animales). Organismos eucariotas, pluricelulares, heterótrofos, con variedad de tejidos que presentan generalmente capacidad de locomoción. Contempla aproximadamente 1.200.000 especies descritas.

Estos seis reinos se agrupan en 3 dominios según la clasificación propuesta por Karl Woese en 1991, el dominio arquea (arqueobacterias), el dominio eubacteria (eubacterias) y el dominio eucarya (protistas, fungi, plantae y animalia). Esta clasificación añade un reino a la clasificación en 5 reinos propuesta por Whittaker en 1969, y agrupa los reinos en orden a un taxón superior denominado dominio.

5. CONCLUSIÓN

He tratado de describir las principales ideas sobre el origen de la vida, reconociendo que muchas de las consideraciones que podamos hacer aún están sometidas a un intenso debate científico. Posteriormente, he relatado los acontecimientos históricos que llevaron a reconocer que todos los tejidos vivos están compuestos básicamente por células y, finalmente, he tratado de exponer los principales niveles de estructuración de los seres vivos y los grandes grupos que podemos definir a partir de esta información. Con esto doy por terminada mi exposición.

Bibliografía útil:

ALBERTS, B. y otros. (2004) "Biología molecular de la célula", 4°ed, Ed. Omega.

BADA, J.L. y LAZCANO, A. (2003) "Prebiotic soup – Revisiting the Miller experiment", Science, 300, 745.

BLAKE, DF Y JENNISKENS, P. (2001) "Hielo y origen de la vida" Investigación y ciencia, 303.

HICKMAN, C.P. y otros (2006) "Principios integrales de zoología" 13° ed, Ed. McGraw Hill

KARP, G. y GEER, P.vD. (2005) "Biología celular y molecular: conceptos y experimentos" Ed. McGraw Hill.

KASTING, J.F. y SIEFERT, J.L. (2002) "Life and the evolution of Earth's atmosphere", Science, 296,1066.

LODISH, H. y otros. (2005) "Biología celular y molecular", Ed Panamericana

MAZZARELLO, P. (1999) "A unifying concept: the history of cell theory", Nature Cell Biology, 1, E13

ORGEL, L.E. (1998) "The origin of life – a review of facts and speculations", Trends in biochemical sciences, 23,491.

PARES, R. (2004) "Cartas a Nuria sobre la historia de las ciencias", Ed. Almuzara.

SHAPIRO, R. (2007) "El origen de la vida" Investigación y ciencia, 371.

WESTALL, F. (2004) "Early life on earth: the ancient fossil record" Capítulo 12 de "Astrobiology: future perspectives", Kluwer,2004

TEMA 23

0. Introducción
1. Elementos químicos que constituyen la materia viva
2. El agua
3. Las sales minerales
4. Los glúcidos
5. Los lípidos
6. Biosíntesis de glúcidos y lípidos
7. Conclusión

0. INTRODUCCIÓN

Los componentes materiales del universo se combinan entre sí formando ordenaciones y complejos de grado superior entre los que destacan unos sistemas, especialísimos porque compiten por adquirir sustancias de sus alrededores, porque son capaces de formar sistemas semejantes a sí mismos y porque, en condiciones de carencia de alimento externo, llegan al equilibrio químico y pierden sus propiedades fundamentales. Son las unidades de la vida, los seres vivos. En este tema, trataré de explicar cuáles son los elementos químicos que los constituyen, qué papel juegan el agua y las sales minerales en sus propiedades, y cómo son y se fabrican dos de sus principales componentes orgánicos: los glúcidos y los lípidos. Lo haré siguiendo el siguiente orden... (es muy conveniente exponer con claridad el orden que se va a seguir, leer el índice de una forma ágil)

1

1. ELEMENTOS QUÍMICOS QUE CONSTITUYEN LA MATERIA VIVA

Ya en escritos de Lavoisier se muestra cómo los elementos más abundantes de la materia viva son **C, H, O, N**. No se trata de elementos extraños. Curiosamente, si a esta lista añadimos el He y el Ne, nos encontramos ante los 6 elementos más abundantes del universo.

Sin embargo, existen muchos otros elementos de la tabla periódica que forman parte de los organismos vivos. Para describirlos ordenadamente, se pueden clasificar en 4 grupos.

Grupo 1. Los elementos más abundantes de todos los organismos

En este grupo estarían el C, el H, el O y el N, cuatro elementos fundamentales en la constitución de las principales biomoléculas orgánicas (glúcidos, lípidos, proteínas y ácidos nucleicos). Sin olvidar esta faceta común, comentaré, de modo adicional, algunos casos concretos de moléculas o mecanismos en los que estos elementos participan, sin ser necesariamente la constitución de las biomoléculas.

El **carbono** puede encontrarse también en moléculas inorgánicas de interés biológico como el CO_2, vía mayoritaria de extracción de C del cuerpo tras los procesos de respiración celular, y sus derivados, los carbonatos, que contribuyen entre otras cosas al equilibrio del pH en la sangre.

El **oxígeno** en su forma molecular (O_2) es el aceptor final de los electrones de la cadena respiratoria de las células con metabolismo aerobio. Además, forma parte del agua y el CO_2.

El **hidrógeno** forma parte del agua, condiciona (con sus variaciones de concentración) el pH de los medios biológicos. Asímismo, muchos procesos de oxidación-reducción presentes en seres vivos suelen tener la forma de hidrogenaciones/deshidrogenaciones.

Finalmente, el **nitrógeno** en su forma de óxido nítrico (NO), funciona en el organismo de los vertebrados como una señal inductora de vasodilatación. En su forma molecular diatómica (N_2) es el constituyente principal (78%) del aire que respiramos, es fijado por bacterias como *Rhizobacter*, en nódulo anexos a las raíces de las plantas leguminosas, y es empleado por algunas cianobacterias como aceptor final de los electrones en las cadenas respiratorias. También es empleado por algunas bacterias y vegetales en forma de nitritos, nitratos o cationes amonio.

Grupo 2. Elementos mucho menos abundantes, pero presentes en todos los organismos vivos

El **azufre** forma parte de los aminoácidos cisteína y metionina, y en forma de SH_2 o SO_2, es un producto residual del metabolismo de algunas bacterias.

El **fósforo** está presente en ácidos nucleicos, en nucleótidos señalizadores (AMP_c) o portadores de energía (ATP) y en la cabeza polar de los fosfolípidos de membrana. Además, forma parte de los grupos fosfato, tan empleados en los mecanismos de regulación enzimática dirigidos por kinasas y desfosforilasas. Estos grupos fosfato, en diferentes grados de ionización, constituyen también un sistema muy empleado en la regulación de la acidez sanguínea.

El **sodio**, generalmente presente en su forma monocatiónica (Na^+), es un regulador de la presión osmótica. Resulta clave en la transmisión del potencial de acción entre células nerviosas. Recientemente, este catión se ha revelado de gran importancia en el mantenimiento de la estructura helicoidal del ADN, tanto en su forma de ADN bicatenario, como en los telómeros (ADN de 4 cadenas). Este papel lo asume el sodio situándose entre los grupos fosfato negativos del ADN y apantallando la repulsión electrostática existente entre ellos.

Casi las mismas funciones (aunque parece participar en la estabilización del ADN con menos frecuencia) podrían señalarse para el **potasio**, que también encontramos generalmente en su forma monocatión (K^+).

El **calcio**, normalmente como dicatión (Ca^{2+}), actúa generalmente en dos vertientes: como estabilizador de elementos estructurales (dientes, huesos,... forma en la que el calcio total asciende al 2% del peso corporal en los vertebrados) o como elemento de señalización intracelular (es liberado generalmente de forma masiva por el retículo endoplasmático para informar de señales generales, por ejemplo, la entrada de un espermatozoide en un óvulo). Muchas proteínas modulan su acción en respuesta a calcio, y su acción está en la base de procesos de gran importancia como la contracción muscular.

El **magnesio** tiene un papel análogo al calcio, en el sentido de que se encuentra presente en muchos centros activos de proteínas, y muchas necesitan de su presencia para actuar. Un caso especial son las kinasas. En su centro activo hay siempre magnesio para favorecer la unión de ATP, que luego emplearán en su acción fosforiladora.

El **cloro**, también en este grupo, resulta importante principalmente por su acción osmótica.

Grupo 3. Metales presentes en todos los organismos, pero en concentraciones muy bajas

Cobalto → forma parte de la vitamina B$_{12}$, que resulta indispensable para algunas etapas metabólicas implicadas en la transformación entre aminoácidos, entre ácidos grasos o la fabricación de timina para sintetizar ADN.

Cobre → presente en centros activos de enzimas de oxidación, presente en la hemocianina (encargada del transporte de O$_2$ en muchos invertebrados)

Manganeso → presente en centros activos de proteínas, a veces, sustituyendo al magnesio.

Hierro → Presente en la hemoglobina (transportador de O$_2$ en vertebrados)

Zinc → Clave para la acción de algunas proteínas. Destaca el caso de una familia de factores de transcripción denominados zinc-finger proteins, que albergan átomos de este metal para estabilizar la estructura proteica que reconoce selectivamente el ADN. Se conocen cerca de un centenar de casos más de proteínas que tienen cinc como cofactor: entre ellas la anhidrasa carbónica, la superóxido dismutasa, la fosfatasa alcalina o la alcohol deshidrogenasa.

Grupo 4. Elementos que se encuentran sólo en algunos organismos en cantidades mínimas

A este grupo podríamos asignar los siguientes elementos: aluminio, arsénico, boro, bromo, cromo, flúor, galio, indio, litio, molibdeno, níquel, plomo, selenio, silicio, vanadio y volframio. Algunos de ellos sorprenden como elementos constituyentes de la materia viva, pues son tóxicos, incluso en pequeñas proporciones, para los seres humanos. No obstante, numerosas experiencias demuestran que son indispensables para otros seres vivos.

Aluminio → potencia la actividad de la deshidrogenasa succínica e interviene en procesos como la osificación del cartílago del embrión

Arsénico → su carencia produce retraso en el crecimiento de animales de experimentación, destrucción de glóbulos rojos y acumulación de hierro en el bazo

Boro → juega un papel importante en la estabilización de la pared celular de algunos vegetales

Bromo → está presente en el cuerpo humano en cantidades traza, pero se desconoce su función, auque ha sido empleado farmacológicamente como sedante o en el tratamiento de la epilepsia.

Cromo → acompaña, junto con dos moléculas de ácido nicotínico, a un pequeño péptido denominado *factor de tolerancia a la glucosa*, que parece facilitar la unión de la insulina a los receptores celulares. También parece jugar un papel en el metabolismo del colesterol y las lipoproteínas plasmáticas.

Flúor → forma parte del esmalte dentario

Galio → acelera el crecimiento de diatomeas y otros organimos marinos, aunque no resulta imprescindible. Se está ensayando el galio para algunos usos farmacológicos en el tratamiento de artritis reumatoide o en infecciones con *Pseudomonas*.

Indio → parece jugar un papel, en concentración ínfima, como potenciador de la absorción intestinal

Litio → actúa a nivel de sistema nervioso, como cofactor/inhibidor de algunas proteínas. Destaca su papel como inhibidor de GSK-3, una proteína que regula algunos procesos de desarrollo y plasticidad neuronal.

Molibdeno → cofactor de enzimas como la xantina oxidasa (cataliza la oxidación de xantina a ácido úrico), la aldehído oxidasa (oxida aldehídos a grupos carboxilo), la sulfito oxidasa (enzima hepática que oxida sulfitos) o la nitrato reductasa (implicada en el ciclo del nitrógeno en vegetales)

Níquel → está en el centro activo de muchas deshidrogenasas

Plomo → su carencia produce anomalías en la hematopoyesis y retraso en la absorción de hierro, con la anomia asociada a ambos factores.

Selenio → Es necesario para la actividad de la glutatión-peroxidasa, que elimina los radicales peróxido de la célula. Recientemente se ha descubierto el aminoácido selenocisteína (que presenta selenio en vez de azufre) y que es codificado por el codón UGA (normalmente codón de STOP) en un bajo porcentaje de veces.

Vanadio → es un componente esencial de la vanadio-nitrogenasa (enzima presente en algunas bacterias fijadoras de nitrógeno molecular). En ascidias (patatas de mar) se ha descubierto que la concentración de vanadio es 100 veces superior a la del mar circundante, y se piensa que juega un papel asociado a unas proteínas específicas de estos animales. Se dan también usos farmacológicos del vanadio. Concretamente, la administración de oxovanadio alivia los síntomas de *diabetes mellitus* en animales de experimentación.

Volframio → actúa de cofactor de algunas oxidorreductasas

2. EL AGUA

El agua, ocupando un volumen de 1500 millones de km^3, es la molécula que contribuye en un mayor porcentaje (70-90%) a la masa viva del planeta.

El medio que alberga las reacciones fisicoquímicas de la vida (movimientos y choques entre moléculas, etc.) ha de presentar un grado de fluidez determinado que se mantenga en el rango de condiciones (presión, temperatura,...) de la superficie terrestre. El agua no sólo es el fluido más abundante del planeta, sino que veremos cómo está especialmente adecuado para esta finalidad de *albergar la vida*.

Me fijaré en 8 características que describen bien este carácter especial del agua.

2.1. Se mantiene en estado líquido en un amplio rango de temperaturas

El agua se mantiene en estado líquido a las temperaturas propias de la superficie terrestre. Es curioso observar cómo compuestos muy similares en cuanto a peso molecular y composición no presentan esta propiedad (ver tabla).

Compuesto	N°atómico	Punto fusión (°C)	Punto ebullición (°C)
CH_4	16	-182	-162
NH_3	17	-78	-33
H_2O	**18**	**0**	**100**
H_2S	34	-86	-61

El calor necesario para evaporar agua líquida (calor de evaporación) también es peculiarmente elevado en comparación con compuestos muy similares (ver tabla).

Compuesto	N°atómico	Calor de evaporación (kJ/mol)
CH_4	16	8
NH_3	17	23
H_2O	**18**	**40**
H_2S	34	19

Esto sucede porque el agua presenta una estructura molecular idónea para la formación de puentes de hidrógeno. Se trata de interacciones de tipo débil (aportan una estabilización entálpica de 4.5 kcal/mol) que se forman y se deshacen con una gran velocidad (alrededor de 10^5 veces/segundo). Cada molécula de agua puede donar simultáneamente dos puentes de hidrógeno y, a su vez, recibir otros dos. Este comportamiento es el responsable de muchas propiedades del agua y, en este caso concreto, explica por qué que la evaporación del agua requiere una cantidad de energía tan excepcional para su pequeño tamaño.

2.2. El agua líquida es más densa que el hielo ("el hielo flota sobre el agua")

Esta propiedad es crucial. Si no existiera, la acumulación hivernal de hielo en los fondos oceánicos sería acumulativa, y el acceso de la radiación solar a estos depósitos de agua congelada, prácticamente nula. La capa superficial de agua impediría la descongelación del resto.

La mayoría de compuestos, al disminuir su temperatura, se compactan aumentando su densidad. El agua experimenta también este comportamiento, pero, al llegar a 4°C, empieza a expandirse ligeramente y, al transformarse en hielo, alcanza una densidad un 9% inferior a la que tenía a 4°C.

2.3. El agua presenta una fluidez peculiar respecto a líquidos que no puedan formar puentes de hidrógeno

Contra lo que sería intuitivo, el agua es más viscosa que los fluidos apolares. Asímismo presenta valores de tensión superficial muy superiores a estos.

Propiedad	H_2O	n-pentano
Viscosidad (g/cm·s)	$0.89 \cdot 10^{-2}$	$0.23 \cdot 10^{-2}$
Tensión superficial (dina/cm)	70	17

La gran tensión superficial del agua se explica porque las moléculas que están justo en superficie están menos rodeadas por otras, por lo que reparten su energía electrostática, en forma de puentes de hidrógeno, entre menos moléculas, siendo por tanto más fuertes las interacciones individuales. Esto hace que la energía necesaria para desestructurar la película superficial sea superior muy elevada.

2.4. El agua es un dieléctrico más fuerte que los líquidos apolares

Cuando una sustancia se interpone entre dos cargas eléctricas disminuyendo la intensidad de su interacción, se dice que está actuando de dieléctrico. Esta capacidad, gracias a su fuerte carácter dipolar, está muy potenciada en el agua (constante dieléctrica del agua=78.5 vs 1.8 del n-pentano, por ejemplo).

2.5. El agua actúa como disolvente de un amplio espectro de sustancias

Los procesos en los que se basa la vida requieren que una gran cantidad de moléculas se muevan con gran proximidad, choquen entre ellas, es decir, que sean solubles en un medio común. El agua es un gran disolvente, principalmente por los puentes de hidrógeno que forma y por su marcado carácter dipolar.

Así pues, el agua disuelve muy bien...
- ...sustancias con grupos dadores/aceptores de puentes de hidrógeno (grupos carboxilo, hidroxilo, ésteres, cetonas, sulfhidrilos) muy frecuentes en las biomoléculas.
- ...especies iónicas
- ...polares (aunque estas no puedan formar interacciones de puente de hidrógeno). Es el caso por ejemplo de las amidas (denominación química del enlace peptídico)

Otro efecto importante promovido por el agua en este contexto es la aglutinación de sustancias hidrofóbicas. Los compuestos que rehúyen el agua tienden a agruparse en el mínimo espacio posible cuando se ven rodeados de ella. Aunque no se disuelvan, quedan de alguna *clasificados* por el agua. En presencia de detergentes u otras sustancias anfipáticas, este fenómeno de aglutinación no es tan intenso. Se forman micelas en las que el detergente se encarga de interaccionar con el agua y así la superficie de intercambio no ha de ser mínima.

2.6. El agua es un medio idóneo para que los organismos mantengan un equilibrio térmico

El agua tiene un elevado calor específico. Es necesaria mucha energía para elevar su temperatura un grado. A ello se suma su gran calor de vaporización (se necesitan 40 kJ para evaporar un mol de agua -18 gramos-). Esta propiedad la emplean muchos organismos para regular su temperatura corporal. Cuando sobra calor, se cede al agua y esta lo acumula, evaporándose posteriormente. Es, por ejemplo, el mecanismo que opera en la producción de sudor que emplean algunos mamíferos.

2.7. El agua es un líquido con gran capacidad de adhesión y de cohesión

En esta propiedad se basan fenómenos como el transporte de agua y sustancias disueltas en vegetales.

2.8. El agua estabilizsa la estructura tridimensional de las biomacromoléculas

Para realizar correctamente su función, las biomoléculas de gran tamaño precisan de la presencia de moléculas de agua concretas situadas en lugares específicos. Son lo que los expertos en estructura molecular denominan aguas residentes. Podríamos decir que la vida ha evolucionado en estrecha dependencia con el agua, no sólo afectada por sus propiedades macroscópicas, sino también dependiente de la ubicación precisa de cada molécula en un entorno químico o proceso metabólico concreto.

3. LAS SALES MINERALES

Existen muchos tipos de sales presentes en los seres vivos, y responden a funcionalidades muy diversas. La mayor variedad de funciones la cumplen los **aniones y cationes actuando por separado**. De éstas, algunas han sido expuestas al hablar de los elementos constituyentes de la materia viva. Expondré ahora, brevemente, algunas acciones realizadas por las sales no disociadas en los seres vivos.

Los esqueletos óseos suelen tener grandes cantidades de **fosfatos y carbonatos de calcio y magnesio**.

El fosfato de calcio hidratado (denominado también **hidroxiapatita**) es el componente principal del esmalte dentario, que se trata en el cuerpo huamno del material de mayor dureza.

El **carbonato de calcio** (calcita) se emplea muy frecuentemente en la construcción de exoesqueletos de foraminíferos, moluscos y otros animales marinos, así como en la composición de órganos internos como los otolitos, fragmentos sólidos que se encuentran sobre los cilios sensoriales del oído de mamíferos. El carbonato cálcico es también la sustancia empleada para endurecer el exoesqueleto quitinoso de algunos artrópodos como los crustáceos.

4. LOS GLÚCIDOS

Identificados inicialmente como *"carbonos con una o varias moléculas de agua unidas"*, los compuestos que responden a la fórmula $(CH_2O)_n$ y sus inmediatos derivados químicos constituyen el grupo de los glúcidos. Asociados originalmente con una función de mero aporte energético, se saben responsables en la actualidad de funciones tan diversas como la determinación de los grupos sanguíneos, la comunicación intercelular o la capacidad patogénica de muchos agentes infecciosos.

Hablaré a continuación de su naturaleza y estructura química, así como de su papel en los seres vivos. Me basaré en el siguiente orden:
- Monosacáridos
- Derivados de los monosacáridos
- Oligosacáridos
- Polisacáridos
- Glucoproteínas
- Biosíntesis de glúcidos

4.1. Monosacáridos

Partiendo de la **fórmula $(CH_2O)_n$**, siendo n el número de carbonos de la molécula, tenemos triosas (n=3), tetrosas (n=4), pentosas (n=5), hexosas (n=6), heptosas (n=7) y octosas (n=8). Los últimos dos tipos son formas más extrañas, con localizaciones muy precisas sólo encontradas en algunos seres vivos.

En los monosacáridos se produce a veces un fenómeno importante para su función. Uno o varios átomos de carbono presentan 4 sustituyentes diferentes. Se dice que estamos delante de un carbono quiral. Todas las moléculas resultantes de reordenar los sustituyentes de uno o varios centros quirales se denominan diastereómeros.

Un caso particular de diastereoisomería ocurre cuando dos moléculas son exactamente imágenes especulares. Reciben entonces el nombre de enantiómeros. Las moléculas de una pareja enantiomérica se denominan formas L y D (véase explicación de esta nomenclatura en T24_proteínas). Curiosamente, así como los aminoácidos están mayoritariamente presentes en su forma L, los monosacáridos presentan primordialmente formas D en la materia viva.

Dependiendo de la naturaleza del primer o segundo carbono diremos que se trata de una aldosa (el primer carbono es un grupo aldehído) o de una cetosa (el segundo carbono es un grupo cetona).

A continuación (ver tabla) mostraré los nombres de algunos monosacáridos y su papel en los seres vivos. Algunos monosacáridos no aparecen citados porque son muy poco relevantes para los seres vivos en general.

ALDOSAS		CETOSAS	
NOMBRE	PAPEL BIOLÓGICO	NOMBRE	PAPEL BIOLÓGICO

TRIOSAS	D-gliceraldehido	Es el primer monosacárido que se obtiene en la fase oscura de la fotosíntesis. En su forma monofosfato es un intermediario de glucolisis	Dihidroxiacetona (DHA)	Se emplea como potenciador del bronceado. En su forma monofosfato es un intermediario de glucolisis
TETROSAS	D-eritrosa	La eritrosa-4-fosfato es un importante intermediario de la vía de las pentosas fosfato	D-eritrulosa	Combinada con DHA, se emplea en cremas de bronceado.
	D-treosa	Se emplea como azúcar alternativo en ácidos nucleicos sintéticos.		
PENTOSAS	D-ribosa	Es la base del esqueleto del ARN. Forma parte del ATP, el NADH y otras moléculas de interés metabólico	D-ribulosa	Es un intermediario importante en la formación de D-arabitol en homgos. La ribulosa-1,5-biP es la encargada de unir CO2 al inicio del proceso fotosintético.
	D-desoxirribosa	Es la base del esqueleto del ADN	D-xilulosa	Antiguamente se pensaba que su presencia en orina era indicio de diabetes. Es conocido que esto se debe a un defecto de una enzima que nada tiene que ver.
	D- arabinosa	Se emplea como azúcar alternativo en ácidos nucleicos sintéticos.		
	L-arabinosa	Forma parte de la hemicelulosa y la pectina en paredes vegetales		
	D- xilosa	Es especialmente abundante en la madera de cerezo.		
	D- lixosa	Es muy rara. Se encuentra en algunos glicolípidos bacterianos.		
HEXOSAS	D- alosa	Se extrae de las hojas de un arbusto africano (Protea rubropilosa). También se encuentra en el metabolismo glucídico de ciertas bacterias (Clostridium thermocellum)	D- fructosa	Junto con la glucosa, forma el disacárido sacarosa (azúcar común), siendo así la cetohexosa más abundante. Es el glúcido más dulce que se conoce (el doble que la sacarosa)
	D- glucosa	Es el monosacárido más abundante de los seres vivos	D- psicosa	Azúcar raro que sirve de sustrato energético a ciertas bacterias (algunas cepas de Bacillus subtilis y Bacillus pallidus)
	D- galactosa	Se encuentra principalmente es la lactosa (que forma junto con la glucosa) y en algunas glicoproteínas.	L- sorbosa	Es el precursor empleado en la síntesis artificial de ácido ascórbico (vitamina C)
	D- idosa	Es la forma reducida del ácido idurónico (componente de algunos proteoglicanos)	D- tagatosa	Es casi el doble de dulce que la sacarosa y su ingestión no afecta (como en la fructosa) al metabolismo proteico. Se emplea como edulcorante en alimentos y dentífricos.
	D- manosa	Entra en la vía glucolítica gracias a la hexokinasa, que la transforma en Manosa-6-P		
HEPTOSAS			D- sedoheptulosa	Es un intermediario del ciclo de Calvin.
OCTOSAS			D-glicero-D-manooctulosa	Presente en ciertas frutas (aguacate)

Cuando los monosacáridos tienen una longitud determinada (generalmente 5 o 6 carbonos) su forma más habitual en disolución es la **conformación cíclica**. Al disolverse sufren un proceso espontáneo de ciclación que transcurre químicamente por un mecanismo de adiciónn-eliminación entre el penúltimo carbono y el carbono portador del grupo funcional (aldehído o cetona).

LOS DETALLES SOBRE CADA MONOSACÁRIDO ESTÁN INDICADOS POR SI DAN PISTAS PARA COMENTAR ALGÚN DATO, ALGUNA CURIOSIDAD. **NO CONVIENE** (NI DA TIEMPO EN EL EJERCICIO DE OPOSICIÓN) HACER **UNA DESCRIPCIÓN EXHAUSTIVA** DE TODOS ELLOS. LO MÁS RECOMENDABLE ES CITAR CUANTOS MÁS EJEMPLOS MEJOR, E ILUSTRAR DE VEZ EN CUANDO ALGUNO CON DATOS CURIOSOS.

Desde una perspectiva docente, es en este punto donde se hace uso de las proyecciones de Fisher y Harworth para facilitar al alumno la comprensión del fenómeno químico que tiene lugar.

Las formas cicladas de los monosacáridos no son estáticas. Presentan una gran movilidad, fluctuando entre múltiples conformaciones que podemos ordenar en dos grupos: las conformaciones nave (minoritarias por estar desfavorecidas entálpicamente) y las conformaciones silla (mayoritarias por ser las de mínima entalpía). La flexibilidad de estos anillos es elevadísima, siendo capaces de experimentar unos 100000 ciclos silla-nave-silla por segundo en promedio, según cálculos de espectroscopía.

4.2. Derivados de los monosacáridos

Un gran número de azúcares conocidos son formas modificadas de los monosacáridos fundamentales. Las modificaciones son generalmene modificaciones en los grupos hidroxilo (-OH). Presentaré aquí algunos ejemplos que tienen relevancia biológica.

Ácidos y lactonas. Son la forma oxidada de los monosacáridos (por ejemplo, el residuo de una prueba de Fehling o de Tollens). Algunos ejemplos como el ácido glucónico, la b-D-gluconolactona, el ácido glucurónico, etc. Se encuentran frecuentemente formando parte de proteoglicanos.

Alditoles. Son el resultado de la reducción del grupo carbonilo a derivados hidroxi, es decir, son alcoholes que provienen de la reducción de un glúcido. Ejemplos conocidos son el eritritol, D-manitol, D-glucitol (también conocido como sorbitol, que es el azúcar que se acumula en el cristalino de personas diabéticas, dando lugar a cataratas).

Aminoazúcares. Son el resultado de la sustitución de un grupo hidroxilo (-OH) por un amino (-NH$_2$). Ejemplos son la glucosamina y la galactosamina, que forman parte, en su forma acetilada, de múltiples glucoproteínas. Es también de este grupo el ácido murámico y el N-acetilmurámico, constitutentes de la pared celular de bacterias.

Glucósidos. Son el fruto de la formación de un enlace tipo éter entre un alcohol y un grupo hidroxilo del glúcido. Existen multitud de glucósidos en los tejidos animales y vegetales. No obstante, se trata de productos con cierto carácter tóxico. Ejemplos son la ouabaína (obtenida de las semillas de unos arbustos africanos -*Strophanthus gratus* y *Acokanthera ouabaio*- que inhibe las bombas Na+/K+ en la membrana celular y se emplea actualmente como un fármaco del grupo de los digitálicos, estimuladores de la contracción cardiaca) o la amigdalina (presente en las semillas de las almendras, que genera cierta cantidad de HCN al descomponerse, por lo que se asocia este veneno con el típico olor a almendras amargas).

4.2. Oligosacáridos

Los oligosacáridos más sencillos de importancia biológica son los disacáridos (formados por la unión de dos monosacáridos por enlace o-glucosídico). Para clasificarlos se atiende generalmente a cuatro características:
- Naturaleza de los monómeros que los forman
- Carbonos que intervienen en el enlace o-glucosídico
- Capacidad reductora de los grupos que quedan libres
- Configuración del grupo hidroxilo del carbono anomérico

Son ejemplos de disacáridos la sacarosa, la lactosa y la trehalosa (empleados principalmente de reserva energética), la celobiosa y maltosa (productos intermedios en la degradación de polisacáridos) o la gentobiosa (...).

Los monosacáridos que componen estos disacáridos son:

- Sacarosa → glucosa y fructosa (unidos por enlace 1-2)
- Lactosa → glucosa y galactosa (unidas por enlace 1-4)
- Trehalosa → 2 glucosas (unidas por enlace 1-1)
- Celobiosa → 2 glucosas (unidas por enlace β-1-4)
- Maltosa → 2 glucosas (unidas por enlace α-1-4)
- Gentobiosa → 2 glucosas (unidas por enlace 1-6)

La síntesis de disacáridos a partir de sus monómeros se realiza mediante reacciones enzimáticas complejas, en las que suelen intervenir ATP y UTP (uridin tri-fosfato). Un ejemplo es la síntesis de lactosa en las glándulas mamarias de mamíferos (ver figura).

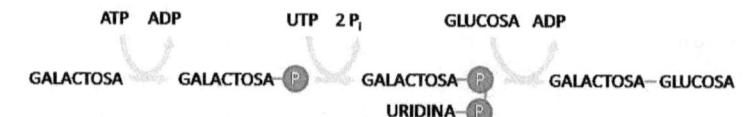

La hidrólisis de cualquier enlace o-glucosídico es termodinámicamente favorable (aporta una energía de ~15kJ/mol), pero la cinética de esta reacción es lenta. Esto hace que tanto disacáridos como polisacáridos sean estables durante mucho tiempo. Para que se produzca su hidrólisis en una escala de tiempo útil para la célula, han de actuar enzimas específicas.

4.3. Polisacáridos

Se trata de moléculas constituidas por muchos monosacáridos unidos covalentemente. Existen en la naturaleza polímeros de pentosas (xilanas y arabanas) pero los más comunes y estudiados son los polímeros de hexosas. Expondré detalladamente las características de 4 de ellos a continuación.

4.3.1. Almidón

Se trata de un polímero de α-D-glucosa, muy abundante como biomolécula de reserva en los tejidos vegetales. Puede disociarse en sus monómeros constituyentes mediante la acción de maltasas y amilasas.

El almidón puede adoptar dos estructuras mayoritarias:

- la **amilosa**, cadena de glucosas no ramificada, unida por enlaces α(1-4), que se dispone en forma de hélice. Cada vuelta de hélice contiene aproximadamente seis monómeros de glucosa. Esta vuelta de hélice permite la unión con gran afinidad de una molécula de iodo, siendo esta la base química de la tinción con la mezcla I_2/KI denominada lugol.

- la **amilopectina**. Se trata de una cadena de glucosas unidas por enlaces α(1-4), pero que presenta una ramificación cada 15 a 30 glucosas. Estas ramificaciones consisten en cadenas iguales que la principal, que se ensamblan a esta mediante un enlace α(1-6). La solubilidad de la amilopectina en agua es mucho menor que la de la amilosa, y su tinción mediante lugol se produce pero no da coloración azul sino rojo-violácea.

4.3.2. Glucógeno

Es un polímero de α-D-glucosas, de estructura muy similar a la amilopectina, pero mucho más ramificado, cada 8-10 residuos. Esta mayor ramificación permite a la maquinaria enzimática de degradación del glucógeno, que actúa desde los extremos, tener accesibles más extremos en menos espacio. Este efecto aumenta la velocidad con la que el organismo puede disponer de glucosa soluble. Es una buena razón para justificar por qué los animales (más móviles, en los que el tiempo desde espera para tener glucosa soluble ha de ser más breve) han evolucionado hacia poseer el glucógeno como sustancia de reserva, mientras en los vegetales se acepta bien una forma mucho menos ramificada como es el almidón.

4.3.3. Celulosa

Aislada y descrita a mediados del siglo XIX por el químico francés Anselme Payen, consiste en un polímero de β-D-glucosas, unidas por enlaces β(1-4). Esta forma de enlace obliga a una disposición en fibras paralelas, lo que hace a la celulosa altamente insoluble y difícilmente hidrolizable. Además, las fibras paralelas están unidas entre sí mediante puentes de hidrógeno esporádicos, lo que le confiere una gran rigidez a la biomolécula. Cumple, pues, un papel estructural primordial en la pared de las células vegetales.

4.3.4. Quitina

Es un polímero de N-acetil-β-D-glucosaminas, unidas por enlaces β(1-4). Su estructura fue definida inicialmente por el químico suizo Albert Hofmann. Se dispone en cadenas lineales, antiparalelas y no ramificadas. Presenta una extraordinaria rigidez, por lo que ha sido empleado en estructuras como la pared celular de hongos, el exoesqueleto de los artrópodos, las quetas de los poliquetos o el perisarco de cnidarios.

Todos los polisacáridos vistos hasta el momento son del tipo homopolisacárido, es decir, la unidad de repetición es siempre la misma. En el grupo de los polisacáridos, se han descrito muchos otros tanto en vegetales (hemicelulosa, pectina, agar-agar, gomas,...) como en animales (ácido hialurónico, condroitina, heparina,...). Muchos de ellos forman parte de lo que podríamos denominar combinaciones de proteínas con glúcidos, que describiré a continuación.

4.4. Combinaciones glúcido-proteína

Los procesos de señalización celular, la consistencia de algunos tejidos, la resistencia de la matriz extracelular a la congelación o las propiedades de la pared bacteriana, por citar algunos ejemplos, son fenómenos que se basan en interacciones moleculares mediadas por complejos mixtos glúcido-proteína. Se trata de un conjunto muy diverso de moléculas que podemos agrupar en tres grupos:

- proteoglucanos → la fracción glucídica y la fracción proteica son ambas de gran tamaño
- peptidoglucanos → la fracción glucídica es mucho más abundante
- glucoproteínas → la fracción proteica prevalece

5. LOS LÍPIDOS

"Ser insoluble en agua y soluble en disolventes orgánicos", esta propiedad tan poco informativa los agrupa en una clase muy especial: los lípidos. Señalizadores celulares, extraordinarios almacenes de energía, generadores de estructuras protectoras, esencias aromáticas, límite que separa la célula de su mundo exterior, causa de un alto riesgo de infarto, identificadores de la dieta mediterránea, gatillo que dispara los procesos de inflamación... En este apartado voy a tratar de presentar brevemente la versatilidad funcional y estructural de estas moléculas.

5.1. Ácidos grasos

Se trata de cadenas hidrocarbonadas que tienen un grupo ácido carboxílico en uno de sus extremos. En presencia de agua, el grupo carboxílico pierde un protón y se muestra generalmente en su forma de anión carboxilato. Esta estructura hace que el ácido graso sea una molécula de naturaleza anfipática, es decir, tiene una parte polar (incluso cargada, en agua) hidrófila y una parte apolar hidrófoba. En estas condiciones, un conjunto de ácidos grasos en disolución acuosa se dispondrán en forma de una micela monocapa (sin agua en el interior) o bicapa (si alberga agua en su interior).

Si todos los carbonos de la cadena hidrocarbonada presentan el máximo número de hidrógenos que pueden aceptar (3 para el C del extremo y 2 para los intermedios) diremos que el ácido graso es saturado. Si, por el contrario, entre algunos carbonos se establecen enlaces dobles, diremos que el ácido graso presenta insaturaciones o es insaturado. Cada insaturación es el fruto de un proceso químico de oxidación y pérdida de dos átomos de hidrógeno. Finalmente, señalar que si aumenta el grado de insaturación, generalmente aumenta la fluidez macroscópica de la sustancia lipídica.

En el apartado siguiente describiré las grasas, moléculas constituidas por 3 ácidos grasos. Indico en referencia a este punto de las insaturaciones que aquellas grasas que son más fluidas son las que presentan ácidos grasos insaturados, y generalmente se trata de grasas de origen vegetal.

Por último, como detalle curioso, señalar que los ácidos grasos, especialmente los insaturados, son fácilmente oxidables, lo que genera aldehídos volátiles. Estas reacciones son las que generan, por ejemplo, el olor a rancio característico de algunos quesos. Lo que nuestro sistema olfativo está detectando es la forma oxidada de algunos ácidos grasos presentes en el queso.

5.2. Grasas o triacilgliceroles

Resultan de la esterificación triple de una molécula de glicerol (glicerina) y tres ácidos grasos. En la formación de los tres enlaces éster, se pierden tres moléculas de agua. El triacilglicerol (TAG) resultante es una molécula completamente apolar.

Los TAGs forman el grupo de moléculas que más intuitivamente se suelen asociar a la idea de lípido: "una sustancia hidrófoba, miscible en disolventes orgánicos y que suele emplearse como reserva energética en los animales". Efectivamente, la función energética es el papel principal que cumplen las grasas en el organismo y, para esta función, son especialmente adecuadas en el sentido de que, al no albergar agua en su estructura, acumulan mucha energía en poco espacio.

Es cierto que, por ejemplo en las personas, el glucógeno es otra forma (mucho menos abundante en volumen) de almacenamiento de energía. Pero en este caso se trata de una energía de rápida utilización. Si nuestras reservas energéticas a largo plazo fueran de glucógeno, no sólo seríamos mucho más obesos, sino que se producirían en nosotros fluctuaciones diarias de varios kg de masa corporal.

De la oxidación completa de 1 gramo de grasa se obtienen en promedio 9 kcal, mientras que se obtienen sólo 4 kcal de la oxidación de 1 gramo de glúcidos. Esto vuelve a poner de manifiesto lo adecuado que resulta almacenar la energía química del organismo en forma de grasa.

5.3. Lípidos complejos o de membrana

Su estructura básica es la de un alcohol con uno o dos ácidos grasos esterificados y un grupo polar unido a la posición que queda libre. En todos ellos se distingue claramente una naturaleza anfipática, que los hace ideales para disponerse en las interfases grasa-agua.

Citaré a continuación algunos ejemplos:

Fosfatidilcolina → es el componente mayoritario de las membranas celulares. Además, resulta mayoritario en la fracción de fosfolípidos de la yema de huevo, conocida como lecitina, por lo que frecuentemente en bioquímica ambos términos se emplean como sinónimos. Por acción de la fosfolipasa D, el fragmento colina es liberado, generándose ácido fosfatídico, un iniciador de las vías de señalización intracelular.

Fosfatidiletanolamina → presente en la membrana de muchos tipos celulares, presenta especial abundancia en la membrana mitocondrial.

Fosfatidilserina → es especialmente importante en las membranas neuronales. Se ha visto involucrada en procesos como la apoptosis, en la que se produce un incremento de fosfatidilserina en la cara externa que determina que la célula sea fagocitada. Recientemente, se ha empleado como fármaco para evitar el retraso cognitivo en pacientes de Alzheimer.

Cardiolipina → Es un fosfolípido especialmente abundante en la membrana mitocondrial interna (de la que constituye un 20%). Su déficit es extraño, pero resulta letal (puede estar causado por una anomalía genética muy extraña denominada Síndrome de Barth, descrita en 1983).

Fosfatidilinositol → situado mayoritariamente en la cara citosólica de la membrana plasmática, es el punto de inicio de la vía de los inositoles-fosfato (importante mecanismo de señalización intracelular).

Esfingomielina → en este lípido de membrana, el alcohol central es la esfingosina, en vez del glicerol. Es especialmente abundante en la vaina de mielina que rodea los axones neuronales. Existe una extraña enfermedad genética (enfermedad de Niemann-Pick) caracterizada por una incapacidad para degradar esfingomielina, que se acumula en diversos tejidos del cuerpo.

Gangliósidos → se componen de un esqueleto de esfingosina al que se le añade una fracción glucídica, generalmente con algún monómero de ácido siálico (cargado negativamente). Estos lípidos de membrana, además de su función biológica, suelen constituir los puntos de entrada de algunas toxinas bacterianas a la célula. Por ejemplo, la toxina del cólera sólo entra en aquellas células que presentan el gangliósido GM₁ (cuya estructura se muestra en la figura) en su membrana.

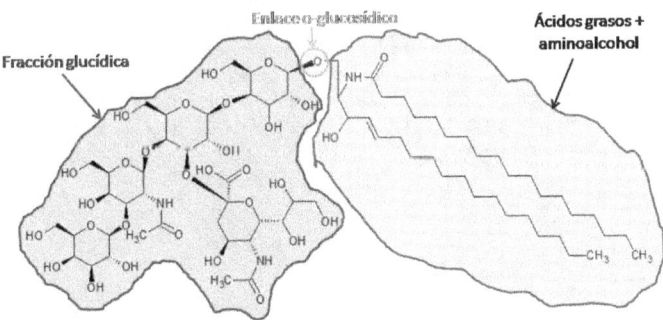

Cerebrósidos → se trata también de derivados de la esfingosina particularmente abundantes en la vaina de mielina del tejido nervioso. La parte glucídica suele consistir en un único monosacárido, normalmente glucosa o galactosa.

Plasmalógeno → esta denominación se refiere a moléculas con esqueleto básico de fosfolípido, pero en las que algún ácido graso se une por medio de un enlace éter. Se han detectado como especialmente abundantes, por ejemplo, los plasmalógenos derivados de fosfatidilcolina (llegando a constituir el 50% de los lípidos de membrana del tejido cardiaco). Existe una anomalía genética, síndrome de Zellweger, relacionada con una síntesis deficitaria de plasmalógenos, que impide la fabricación correcta de peroxisomas. Se manifiesta en el tejido nervioso, cuyas células resultan incapaces de oxidar ácidos grasos de cadena larga.

Factor activador de plaquetas (PAF; Platelet Activating Factor) → es otro fosfolípido que emplea enlaces tipo éter para la unión de los ácidos grasos. Es fabricado por varios tipos celulares del sistema inmunitario (neutrófilos, basófilos, células endoteliales, plaquetas...) y estimula la agregación plaquetaria y otros procesos inflamatorios. Fue descrito por el inmunólogo francés Jacques Benveniste en 1979.

5.4. Ceras

Una cera es producto resultante de la esterificación de un ácido graso largo con un alcohol largo. Ejemplos presentes en los seres vivos son...

- la **cera de abejas** (éster del ácido palmítico con el alcohol miricílico, que se fabrica mayoritariamente en unas glándulas en abejas obreras jóvenes)

- la **lanolina** (fabricada en las glándulas sebáceas de las ovejas)

- el **aceite de espermaceti** (éster del 1-hexadecanol con ácido palmítico. Está presente en cavidades del cráneo de los cachalotes –Physeter macrocephalus- y se emplea en industria cosmética, en la manufactura del cuero y como lubricante)

- la **cera de carnaúba** (especialmente apreciada en cosmética por su gran brillo y elevada temperatura de fusión, es fabricada por Copernicia cerifera, una palmera del noreste brasileño que la emplea para cubrir sus hojas y evitar pérdidas de agua en la estación seca)

Hasta este momento, me he limitado a describir aquellos grupos de **lípidos** denominados **saponificables**, es decir, aquellos que pueden experimentar la reacción inversa a la esterificación (saponificación) y dar como resultado jabón (un ácido graso junto al catión de una sal) y alcohol (ver figura).

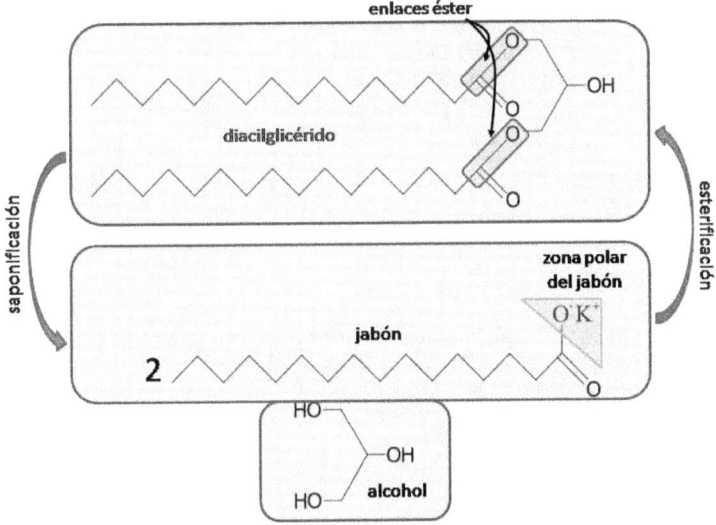

A continuación hablaré de una serie de compuestos que se incluyen entre los lípidos, pero cuya estructura no permite el equilibrio esterificación-saponificación. Se trata de los **lípidos no saponificables**.

5.5. Terpenos

Son moléculas de origen vegetal (aunque algunas pueden ser producidas por insectos) derivadas de la polimerización del isopreno (2-metil-butadieno). Las de menor tamaño son los hemiterpenos (1 sólo isopreno), seguidos de los monoterpenos (cuyo esqueleto consta de 2 moléculas de isopreno), los sesquiterpenos (3 moléculas), los diterpenos (4 moléculas), triterpenos (6 moléculas), etc. Expongo algunos ejemplos a continuación:

Hemiterpenos

- Prenol → empleado en farmacia y agricultura por su aroma
- Ácido isovalérico → empleado en cosmética por su olor pegajoso muy penetrante

Monoterpenos

- Mentol → esencia de menta
- Timol → esencia de tomillo

- Anetol → esencia de anís
- Aldehído cinámico → esencia de canela
- Limoneno → esencia de cítricos
- Mirceno → esencia de laurel
- Alcanfor → sustancia empleada como antipolillas
- Pineno → esencia de trementina

Sesquiterpenos

- Farnesol → se emplea en perfumería para reforzar los aromas

Diterpenos

- Fitol → interviene como precursor en la síntesis de vitamina E (tocoferol) y como cofactor de la clorofila.
- Vitamina A → interviene en la química visión y en diferentes procesos del desarrollo embrionario y de la diferenciación tisular en adultos

Triterpenos

- Destacan el escualeno y el lanosterol (precursores en la síntesis de esteroides)

Tetraterpenos

- Entre ellos se encuentran los pigmentos carotenoides (carotenos, xantofilas y licopenos), de importancia en los procesos fotosintéticos

Politerpenos

- Caucho → producido, generalmente, a partir del látex de Hevea brasilensis, aunque existen fuentes naturales alternativas y síntesis artificial.
- Gutapercha → goma parecida al caucho fabricada a partir del látex de árboles del género *Palaquium* (típicos del sudeste de Asia).

5.5. Esteroides

Son el resultado de variaciones químicas alrededor de la **estructura del ciclopentanoperhidrofenantreno** (esterano o gonano). Cumplen funciones muy diversas y esenciales en los seres vivos.

Son esteroides las **sales biliares** (sales sódicas o potásicas de los ácidos glicocólico y taurocólico) que, por su carácter anfipático actúan a modo de detergente emulsionando las grasas en el intestino delgado.

Existen numerosas hormonas de naturaleza esteroidea. Las **ecdisonas**, que regulan las fases de muda de los artrópodos, la **aldosterona**, que aumenta la excreción de potasio y la reabsorción de sodio y agua en el túbulo contorneado distal de las nefronas, el **cortisol**, el esteroide más abundante en sangre, que actúa tanto en el metabolismo de azúcares, grasas y proteínas, como en el equilibrio de electrolitos en sangre, la **testosterona**, hormona sexual masculina o la progesterona, hormona sexual femenina.

El esteroide más característico es sin duda el **colesterol**, una molécula vital para regular el grado de rigidez de las membranas plasmáticas, pero que ha adquirido una importante relevancia al descubrirse como el principal compuesto acumulado en las placas de ateroma causantes de trastornos cardiovasculares.

La **vitamina D** también presenta naturaleza esteroidea. Es necesaria para que los huesos puedan fijar cationes Ca^{2+} correctamente y puede ser sintetizada bien a partir del ergosterol (de origen vegetal, genera la vitamina D_2) o del 7-dehidrocolesterol (de origen animal, genera la vitamina D_3).

5.6. Eicosanoides

Recientemente se habla de esta nueva clase de lípidos: los eicosanoides. Provienen de un ácido graso poliinsaturado que se encuentra en las membranas biológicas: el ácido araquidónico. Este ácido graso puede oxidarse por acción de la 5-lipooxigenasa generando **leucotrienos** (LC), o puede hacerlo a través de la ciclooxigenasa, generando **prostaglandinas** (PG) y **tromboxanos** (TX).

Estos productos tienen importantes efectos en el organismo. Cito algunos a continuación:
- La PGI_2, también llamada prostaciclina, promueve la vasodilatación e impide además la formación de trombos.
- Las PGE y PGF provocan la contracción uterina y se emplean en ocasiones para inducir el parto.
- La PGE y PGH activan la respuesta inflamatoria (dolor, rubor, fiebre, hinchazón). Los fármacos del tipo AINE, derivados de la aspirina, inhiben la ciclooxigenasa y no permiten la síntesis de estos compuestos. En esto reside su potencia antiinflamatoria, analgésica y antipirética.
- Los tromboxanos se oponen a la acción de PGI_2, provocando tanto la vasoconstricción como la agregación plaquetaria.
- Los leucotrienos se producen en procesos alérgicos y van generalmente asociados a la síntesis de histamina.

6. BIOSÍNTESIS DE GLÚCIDOS Y LÍPIDOS

Resulta muy pretencioso exponer con detalle los mecanismos que emplean los seres vivos para llegar a obtener todas y cada una de las moléculas descritas anteriormente. Voy a tratar, en cambio de hacer algunas consideraciones generales y breves sobre las rutas biosintéticas de glúcidos y lípidos siguiendo el siguiente orden.

- Biosíntesis de glucosa
- Biosíntesis de polisacáridos
- Biosíntesis de ácidos grasos y glicerol
- Biosíntesis de otros lípidos

6.1. Biosíntesis de glucosa

En organismos autótrofos, la glucosa se genera en la fase oscura de la fotosíntesis, partiendo de CO_2, ATP y coenzimas reducidos. El CO_2 se adiciona a una molécula de ribulosa-1,5-bifosfato, generando finalmente 1 molécula de gliceraldehido-3-fosfato (GAP), en un proceso conocido como Ciclo de Calvin. El GAP producido actúa de precursor para la síntesis de glucosa. Todos los detalles moleculares de este proceso, así como los factores que lo modulan, están descritos en el tema 28 del presente temario y por tanto no serán desarrollados en mayor profundidad aquí.

En los organismos heterótrofos, la glucosa es obtenida a partir de los alimentos ingeridos. No obstante, a veces la concentración interna de glucosa desciende, por lo que se han desarrollado mecanismos para regenerarla a partir de precursores más pequeños. Esto es lo que se conoce normalmente como biosíntesis de glucosa o gluconeogénesis. En las personas, este proceso se desarrolla en el hígado y en el riñón, permitiendo sintetizar glucosa a partir de ácido láctico, aminoácidos o algún intermediario del ciclo de Krebs.

En muchos pasos de esta ruta biosintética operan enzimas propios de la glucólisis, que catalizan reacciones reversibles. No obstante, algunos pasos son propios de la gluconeogénesis. Así pues,

- La fosfoenol-piruvato carboxiquinasa (PEP-CK) → emplea GTP para transformar ácido oxalacético en ácido fosfoenolpirúvico
- La fructosa-1,6-bifosfatasa (FBPasa) → cataliza la formación de fructosa-6-fosfato a partir de fructosa-1,6-bifosfato
- La glucosa-6-fosfatasa (G-6Pasa) → dirige la obtención de glucosa a partir de glucosa-6-fosfato

Algunas de estas enzimas, por ejemplo la PEP-CK, son fabricadas con mayor velocidad en estados de ayuno prolongado, en los que los requerimientos de glucosa en sangre aumentan.

6.2. Biosíntesis de polisacáridos

Glucógeno

Aunque técnicamente estamos hablando de un proceso de almacenamiento de la glucosa, se suele incluir la glucogenosíntesis entre los procesos que se explican en la biosíntesis de glúcidos.

En las personas, es un proceso que tiene lugar principalmente en hígado, y en menor grado en cerebro y tejido muscular. La vía se inicia con la fosforilación de la glucosa a glucosa-6-fosfato (G6P). Este paso lo cataliza la hexoquinasa Posteriormente, la fosfoglucomutasa isomeriza G6P a glucosa-1-fosfato (G1P). Por acción de la UDP-glucosa pirofosforilasa, G1P es transformado en UDP-glucosa, que ya puede unirse a la cadena de glucógeno en formación. A este último paso contribuye la enzima glucógeno sintasa, una de las proteínas más reguladas del cuerpo humano, que atiende, entre otras señales, a los niveles de insulina y glucagón en sangre para ajustar su velocidad.

Celulosa

Tiene lugar en la membrana plasmática y es llevada a cabo por la enzima celulosa sintasa. Esta se agrupa en unas formaciones hexaméricas, de un diámetro de aproximadamente 25 nm, denominados RTCs (Rosette Terminal Complexes). El precursor que se une a las cadenas de celulosa ya formadas es la UDP-glucosa, igual que ocurre en la síntesis del glucógeno, aunque en este caso el ensamblaje tiene lugar mediante enlaces β(1-4). Se han descrito tres familias génicas que codifican para diferentes celulosa sintasas, siendo diferentes las que dirigen la síntesis en la pared vegetal primaria o en la secundaria.

Almidón

En su síntesis, que tiene lugar en el interior de vesículas del citosol denominadas plastos, participan tres enzimas: ADP-glucosa fosforilasa (ADPGPPasa), almidón sintasa (SS) y la proteína ramificadora del almidón (SBE). La primera de ellas cataliza la formación de ADP-glucosa a partir de G1P. La segunda, crea un enlace α(1-4) entre el almidón ya fabricado (bien sea amilosa o amilopectina) y la ADP-glucosa, generando ADP como residuo. La tercera (SBE) interviene sólo cuando es necesario introducir un enlace α(1-6) para iniciar una ramificación en la síntesis de amilopectina.

Quitina

Los polímeros de quitina son fabricados intracelularmente muy cerca de la membrana plasmática. Se encarga de esta tarea la quitina sintasa, una

25

glicosiltransferasa anclada en la membrana plasmática. Las fibras recién sintetizadas son translocadas a través de la membrana y se unen exteriormente para formar pequeños cristales. Estas agrupaciones serán convenientemente insertadas en una matriz glucídica (en hongos) o proteica (en insectos), que conseguirá la consistencia final propia de los esqueletos quitinosos.

6.3. Biosíntesis de ácidos grasos y glicerol

La síntesis de **glicerol** se lleva a cabo a partir de intermediarios de la glucólisis, concretamente, por reducción de la dihidroxiacetona-fosfato. Ésta se reduce a glicerofosfato, que pasa a glicerol por pérdida del grupo fosfato. También puede obtenerse por reducción del gliceraldehido resultante de la fragmentación de la fructosa-1-fosfato, en la glucólisis.

Los **ácidos grasos** se fabrican en el citosol a partir de acetilCoA, malonilCoA, ATP y poder reductor. El acetilCoA está en las mitocondrias y es transportado al citosol, donde, en un proceso catalizado por la citrato sintasa, se une al malonilCoA, perdiéndose un CO_2 y formándose una molécula de 4 carbonos. El complejo enzimático de la sintetasa del ácido graso (FAS) se encarga de catalizar el crecimiento sucesivo de esta cadena de 4 carbonos, hasta llegar a formar ácido palmítico.

6.4. Biosíntesis de otros lípidos

Esteroides y terpenos

Todas estas moléculas derivan de la ruta sintética de la HMG-CoA reductasa. Una vía sintética que se desarrolla en 11 etapas en su recorrido más largo, hasta llegar al **colesterol**, como producto de partida para la biosíntesis de otros esteroides. Otras moléculas sintetizadas por esta vía y que sirven como precursores de la síntesis de terpenos son el **dimetilalil-pirofosfato (DMAPP)** y el **isopentenil-pirofosfato**. Estas reacciones tienen lugar en muchos tejidos, aunque principalmente (~25%) se dan en el hígado.

Eicosanoides

Como se ha comentado en su descripción, son moléculas fabricadas a partir del **ácido araquidónico**, un lípido de membrana, por acción de la lipoxigenasa y la ciclooxigenasa. Este proceso tiene lugar en muchas zonas del cuerpo, con el fin de que la liberación de eicosanoides sea cercana a su lugar de acción.

7. CONCLUSIÓN

En la descripción de los elementos químicos que constituyen la materia viva, he tratado de indicar su abundancia, ilustrar su papel biológico y mostrar cómo aún elementos muy extraños, e incluso tóxicos en ocasiones, intervienen de forma crucial en el mantenimiento de los procesos biológicos.

Posteriormente, la exposición ha querido mostrar las características que hacen del agua un compuesto idóneo para el desarrollo de la vida, para pasar a describir la ubicación y función de las sales minerales en los organismos. Finalmente, me he centrado en dos grandes grupos de moléculas orgánicas: los glúcidos y los lípidos. Su función de reserva energética es la más característica. No obstante, como se ha señalado, revisten muchas otras funcionalidades de gran importancia el aporte de consistencia mecánica, la impermeabilización o, sobre todo, su intervención en procesos de comunicación intercelular.

Bibliografía útil:

ALBERTS, B. y otros. (2004) "Biología molecular de la célula", 4°ed, Ed. Omega.

DIAZ ZAGOYA, J.C. y JUÁREZ OROPEZA, M.A. (2007) "Bioquímica: un enfoque básico aplicado a las ciencias de la vida", Ed. Mc Graw-Hill

GARRIDO PERTIERRA, A. y otros (2007) "Fundamentos de bioquímica estructural", Ed. Tébar

LODISH, H. y otros (2005) "Biología celular y molecular", Ed. Panamericana

HICKMAN, C.P. y otros (2006) "Principios integrales de zoología" 13° ed, Ed. McGraw Hill

KARP, G. y GEER P.vD. (2005) "Biología celular y molecular: conceptos y experimentos" Ed. McGraw Hill.

LODISH, H. y otros. (2005) "Biología celular y molecular", Ed Panamericana

MAEDER, T. (2002) "Glucómica", Investigación y Ciencia, 312

SHARON, N. y LIS, H. (1993) "Carbohidratos en el reconocimiento celular", Investigación y Ciencia, 198

STRYER, L.; BERG, J. M. y TYMOCZKO, T. (2003) "Bioquímica". 5ª edición. Ed. Reverté. Barcelona.

VOET, D. y otros (2007) "Fundamentos de bioquímica: la vida a nivel molecular", Ed. Panamericana

TEMA 24

AMINOÁCIDOS Y PROTEÍNAS. BIOSÍNTESIS
PROTEICA. ENZIMAS Y COENZIMAS. LAS
VITAMINAS.

0. Introducción
1. Las proteínas están
compuestas de aminoácidos
2. Cadenas de aminoácidos
3. Estructura de las proteínas
4. Las proteínas en acción
5. Biosíntesis de proteínas
6. Complementos proteicos.
Las vitaminas.
7. Conclusión

0. INTRODUCCIÓN

Los seres vivos realizan un desgate energético enorme para conseguir un objetivo esencial: mantener el orden químico de sus proteínas, conseguir que en los descendientes de una célula se sigan creando herramientas que mantengan orlentuciones especiales semejantes, que creen entornos químicos similares, para que puedan cooperar en la gestión de las funciones celulares de la misma manera que lo hacía su célula progenitora.

Iniciaré esta exposición detallando la naturaleza química de las proteínas (los aminoácidos y sus propiedades). Pasaré a comentar cómo estos componentes básicos se ensamblan para dar lugar a los diferentes niveles de organización estructural que determinan la función proteica. Hablaré posteriormente de este papel de las proteínas en los procesos biológicos, resaltando algunos ejemplos ilustrativos y, finalmente, expondré el mecanismo celular de síntesis de proteínas.

Por tratarse de un grupo de naturaleza química más heterogénea, comentaré las vitaminas en un apartado final, haciendo especial hincapié en su modo de complementar a las proteínas en algunos procesos biológicos.

1. LAS PROTEÍNAS ESTÁN COMPUESTAS DE AMINOÁCIDOS

1.1. Concepto de aminoácido

Los aminoácidos son las subunidades químicas fundamentales que componen las proteínas. Químicamente consisten en un grupo amino y un grupo ácido conectados por un carbono tetraédrico del que sale un grupo químico variable, que determina la naturaleza de cada aminoácido.

Aunque se han descrito más de 300 aminoácidos diferentes presentes en los seres vivos, **únicamente 20 de ellos son considerados los mayoritarios** y con ellos se fabrican casi la totalidad de proteínas.

Piensa tu introducción... algunas ideas

Las proteínas son las macromoléculas más abundantes en los seres vivos (representan el 50% del peso seco de las células).

Son los productos finales de las rutas de información, los instrumentos moleculares mediante los que se expresa la información genética. Si imaginamos el genoma como un mensaje escrito que contiene instrucciones, su "articulación verbal" estaría llevada a cabo por las proteínas. Puede hacerse por así decirlo, la traducción química del mensaje almacenado como ADN en el núcleo celular y transmitido de generación en generación.

El nombre de proteína viene del griego "πρωτοσ"(prótos) ("primero", "más importante"). Fue introducido por Berzelius y empleado posteriormente por Mulder.

Las proteínas constituyen el destino final más importante del nitrógeno absorbido del suelo por las plantas. Puede hacerse referencia a estas biomoléculas como un compartimento esencial dentro del ciclo del nitrógeno en los sistemas naturales

El primero de estos aminoácidos en ser identificado fue la asparagina (1806) y el último la treonina (1938). **Sus nombres comunes reflejan generalmente el material del que fueron aislados** por primera vez (asparagina→ espárragos, ácido glutámico → del glúten del trigo, tirosina → de "tyros" –queso, en griego-, glicina → del griego "glycos", dulce,...)

1.2 propiedades fisicoquímicas

Quiralidad del C_α

Excepto en la glicina, el carbono α siempre tiene cuatro sustituyentes diferentes (es un carbono quiral). Esto implica que en la naturaleza existan diferentes isómeros estructurales de cada aminoácido, lo que puede designarse con diferentes nomenclaturas:

- o **Nomenclatura L/D**

    - ▪ Emile Fisher, en 1891, experimentó cómo algunos cristales de un azúcar sencillo (gliceraldehído) desviaban el plano de la luz polarizada hacia la derecha, mientras otros cristales del mismo compuesto lo hacían hacia la izquierda. Designó con las letras D y L, respectivamente, a estos isómeros. Este comportamiento se explicó años más tarde por la diferente orientación de los sustituyentes del C_α. Lo que conocemos como **formas L de un aminoácido son aquellas que imitan al L-gliceraldehído en la estereoisomería del C_α**, siendo las formas D las de configuración opuesta.

- **Los aminoácidos presentes en la materia viva, suelen ser del tipo L**, a excepción de algunos pequeños péptidos de paredes bacterianas y algunos antibióticos.

○ **Nomenclatura R/S**

- Es la **notación empleada por la IUPAC** para definir la estereoisomería de cualquier centro quiral. Sólo suele emplearse (en el estudio de las proteínas) para definir la configuración de cadenas laterales con algún centro quiral (por ejemplo, en aminoácidos artificiales usados en fármacos de diseño).

Acidez/Basicidad

Al disolverse en agua, los aminoácidos se encuentran en forma de zwitterion (del alemán "ión híbrido"). Esto indica que presentan a la vez un grupo amino cargado positivamente (con capacidad para ceder un protón) y un grupo ácido (con capacidad para captar un protón). En esas condiciones (pH fisiológico), **son capaces de actuar como ácidos o como bases** (por lo que se denominan sustancias anfóteras). Esta propiedad los hace especialmente adecuados para actuar en sistemas vivos: actúan como amortiguadores químicos de la acidez de una disolución, son extremadamente solubles, pueden ser empleados como piezas de reconocimiento molecular selectivo...

1.3. Clasificación de los aminoácidos estándar

Pueden emplearse diversos criterios. Expondré una clasificación que resulta muy informativa porque agrupa los **aminoácidos por similitud química**, lo que determina en grandes rasgos su papel en el reconocimiento molecular. Así, se clasifican los aminoácidos en:

- **Apolares alifáticos** (Ala Val Leu Ile Gly Met Pro). Son eléctricamente neutros y lo que más interesa de sus propiedades de reconocimiento químico es el volumen que ocuparán en la proteína final. Participan en interacciones de tipo hidrofóbico.

  - CURIOSIDADES:
    - La cadena lateral de la prolina (Pro) es un ciclo de 5 carbonos. Esto restringe la flexibilidad de los péptidos con prolina, por lo que no la encontraremos formando parte de estructuras muy tensionadas (giros b)

3

- La metionina (Met) tiene un grupo tioéter y es, junto con la cisteína uno de los dos aminoácidos que necesitan un átomo de azufre.

- **Aromáticos** (Phe Tyr Trp). También son eléctricamente neutros pero al presentar anillos aromáticos, con sistemas electrónicos conjugados, participan en interacciones más específicas que los del grupo anterior.

  - CURIOSIDADES:
    - Existen diversas interacciones en las que participan anillos aromáticos que han sido recientemente involucradas en procesos de gran relevancia bioquímica (apilamientos entre sistemas p, interacción T-shape entre anillos aromáticos, interacción de iones con sistemas p,...
    - El triptófano (TRP) está en la base de la biosíntesis de serotonina (un importante neurotransmisor)
    - La fenilalanina (Phe) se transforma en tirosina en el interior del cuerpo humano. Si falla algún eslabón de esta ruta metabólica, se incrementan los niveles sanguíneos de fenilalanina, enfermedad que se conoce como fenilcetonuria, y que se analiza de forma rutinaria en los controles de embarazo.

- **Polares sin carga** (Ser, Thr, Cys, Asn, Gln). Presentan grupos alcohol (OH) o amino (NH2) sin carga neta en sus cadenas laterales, lo que les permite formar interacciones de puente de hidrógeno muy valiosas en los procesos de reconocimiento molecular. Junto a los aminoácidos cargados (grupos 4 y 5) son los principales para definir el componente electrostático de la interacción molecular, clave en la mayoría de procesos biológicos (plegamiento de proteínas, reconocimientos proteína-proteína, ADN, azúcares...)

- **Cargados positivamente** (Lys, Arg, Hys). Presentan una carga positiva en condiciones fisiológicas.

  - CURIOSIDADES
    - En concreto la histidina (Hys) es el único aminoácido que puede variar su estado de protonación al variar el pH del medio en zonas cercanas a la neutralidad. En los estudios de diseño de fármacos por ordenador, conviene tener muy en cuenta este punto, ya que el centro activo para el que se está modelando un nuevo fármaco puede variar drásticamente según el estado de las histidinas cercanas.

- **Cargados negativamente** (Asp, Glu). Presentan una carga negativa en condiciones fisiológicas.

1.4. Algunos aminoácidos no estándar y sus funciones

Aminoácidos como la **ornitina** o la **citrulina** son intermediarios en la ruta biosintética de la arginina, por lo que pueden ser detectados en un análisis específico de sangre. El **γ-carboxiglutamato** está presente en proteínas del mecanismo de coagulación de la sangre (protrombina) y en muchas otras proteínas que unen calcio. La **desmosina** (un derivado químico de 4 residuos de lisina) se encuentra formando parte de la elastina (proteína muy importante en la matriz extracelular de tejidos elásticos). En las fibras musculares, formando parte de la miosina, encontramos con relativa frecuencia la **6-N-metil-lisina**. Derivados como la **4-hidroxi-prolina** o la **5-oxi-lisina** han sido detectados en matrices extracelulares ricas en colágeno y en pared celular de plantas.

En un reducido número de proteínas se ha encontrado un derivado de la cisteína en el que el azufre ha sido sustituido por selenio (**selenocisteína**). Sorprendentemente, se ha encontrado un codón específico (UGA) dentro del código genético eucariota que codifica en ocasiones para este aminoácido poco común.

El concepto de "aminoácido presente en los seres vivos" ha ampliado su alcance en estudios recientes, llegándose a un total de más de trescientos aminoácidos diferentes descritos presentes en las células vivas.

1.5. Biosíntesis de aminoácidos

Los aminoácidos se sintetizan a partir de intermediarios de la glucólisis, del ciclo del ácido cítrico, y de la vía de las pentosas fosfato. El nitrógeno suele entrar en estas vías en forma de glutamato o glutamina.

En general, unos diez aminoácidos son sintetizables por la mayoría de seres vivos mediante **uno o muy pocos pasos**, a partir del intermedio del que proceden. Existen otros, como los aromáticos o la prolina, cuya síntesis es más complicada.

Los organismos difieren en la capacidad de sintetizar aminoácidos. La mayoría de bacterias y plantas pueden fabricar los veinte estándar. En cambio, los mamíferos, por ejemplo, sólo pueden sintetizar los de fabricación sencilla, teniendo que obtener el resto de la dieta. Estos aminoácidos se denominan esenciales ("resulta esencial incluirlos en la alimentación").

AMPLIACIÓN: Según el intermediario metabólico del que procedan, podemos agrupar los diferentes aminoácidos en seis familias:
... procedentes del α-cetoglutamato (Glu, Gln, Pro, Arg)
... procedentes del 3-fosfoglicerato (Ser, Gly, Cys)
... procedentes del piruvato (Val, Lau, Ala)
... procedentes del fosfoenolpiruvato y eritrosa-4-fosfato (Trp, Phe, Tyr)
... procedentes del Oxalacetato (Asp, Asn, Met, Thr, Lys, Ile)
... procedentes del ribosa-5-fosfato (Hys)

2. CADENAS DE AMINOÁCIDOS

2.1. El enlace peptídico: formación y naturaleza química

Básicamente, el enlace peptídico **se forma mediante un proceso de condensación**, en el que se pierde una molécula de agua.

El grupo amino de un aminoácido actúa como nucleófilo, desplazando al grupo hidroxilo del grupo carboxílico de otro aminoácido para formar un enlace peptídico. Los grupos amino son buenos nucleófilos, pero el grupo hidroxilo no es buen grupo saliente, por lo que no es desplazado fácilmente. Por esta razón, **la reacción** no se produce de forma apreciablea pH=7. **Necesita la ayuda de catálisis enzimática.**

El enlace formado finalmente es un **enlace tipo amida**. Como ocurre siempre en este tipo de enlaces...
- los 4 átomos centrales están en el mismo plano
- puede definirse un dipolo en el plano formado, que participará muy significativamente en los procesos de plegamiento de proteínas

2.2. Pequeños péptidos de importancia biológica

Usualmente, las proteínas más conocidas como herramientas biológicas son enormes y tienen cientos de aminoácidos. Sin embargo, es interesante saber que a los seres vivos pueden serles de gran utilidad fragmentos peptídicos mucho más pequeños. Citaré algunos ejemplos.

Existen varios mensajeros químicos descritos en vertebrados como la **oxitocina** (un péptido de 9 residuos fabricado por la hipófisis anterior y responsable de las contracciones uterinas), la **bradiquinina** (otro de 9 aminoácidos que potencia la inflamación en los tejidos) o el **factor liberador de tirotropina** (de tan sólo 3 aminoácidos, que estimula la secreción de tirotropina a nivel de hipófisis) que entrarían en esta categoría.

Hormonas esenciales en el metabolismo como la **insulina** (2 cadenas de 30 y 21 aminoácidos), el **glucagón** (29 residuos) o la **corticotropina** (39 residuos), no son nada más que fragmentos de unos pocos aminoácidos.

Algunos péptidos sintéticos pequeños con acciones importantes en seres vivos serían, por ejemplo, el conocido **aspartamo** (NutraSweet), empleado como edulcorante, que no es más que la unión de un ácido aspártico y una alanina. O también la **amanitina** (potente raticida).

3. LA ESTRUCTURA DE LAS PROTEÍNAS

La proteína de mayor tamaño descrita es la titina (formada por una sola cadena, de 26926 residuos), que cumple una importante función en la contracción muscular en humanos. Entre ella y los pequeños péptidos descritos anteriormente, existe una amplia gama de tamaños proteicos.

Las proteínas varían también en su composición aminoacídica, debido a la combinación de los 20 residuos estándar y a la introducción esporádica aminoácidos diferentes de los naturales.

La estructura final de una proteína se consigue por un proceso muy complejo, cuyas bases físicas resulta muy pretencioso detallar aquí. Algunos puntos sencillos sobre los que se asienta este mecanismo son los siguientes:
- la estructura final depende principalmente de un **gran número de interacciones débiles**
- **el enlace peptídico es plano**
- cada aminoácido presenta **dos ángulos característicos** (ϕ, rotación del enlace Ca-N; Ψ, rotación del enlace Ca-C). Estos dos ángulos son característicos de cada aminoácido y se representan en un mapa de Ramachandran

3.1. Estructura primaria

Queda determinada sencillamente por la **composición de aminoácidos** de la proteína y la **secuencia** en que se disponen.

3.2. Estructura secundaria

Se trata de patrones de plegamiento regulares habituales de la cadena polipeptídica. Son formas generales de disposición de fragmentos pequeños de aminoácidos, que suelen encontrarse repetidos varias veces en la estructura de casi todas las proteínas del planeta. Comentaré los tres principales: la hélice-a, la lámina-b y la hélice de colágeno.

La hélice-α

- En los años 30, William Astbury, en un trabajo pionero con rayos X, mostró que la proteína fundamental de las púas de puerco espín y del pelo (la a-queratina) presentaba una estructura que se repite cada 5.15-5.20 Å. Años más tarde, Pauling y Corey resolvieron que se trataba de una estructura helicoidal y la denominaron α-hélice.

- Esta estructura es una cadena de aminoácidos con las siguientes características
  - Dextrógira
  - Los aminoácidos adoptan ángulos ϕ=-60° y Ψ=-50° a -45°

7

- Cada vuelta de hélice consta de 3.6 aminoácidos

- La formación de esta estructura es energéticamente muy favorable porque permite una disposición óptima de los puentes de hidrógeno intramoleculares

- La secuencia de aminoácidos afecta a la estabilidad de la hélice-α, viéndose desestabilizada por la presencia de muchos residuos consecutivos con la misma carga o por la coincidencia de varios residuos de prolina (que, al tener una cadena lateral cíclica, presentan una restricción conformacional)

La lámina-β

- También fue históricamente descrita por Pauling y Corey

- Se trata de una estructura en forma de zig-zag en la que las diferentes cadenas polipeptídicas se disponen de forma adyacente formando una lámina. Los fragmentos que conforman esta lámina pueden ser antiparalelos o paralelos y pueden pertenecer a la misma o a distintas cadenas polipeptídicas.

La hélice de colágeno

- se trata de una estructura formada por tres cadenas. Cada una de ellas es una hélice levógira de 3 residuos por vuelta. Las tres cadenas, una vez plegadas, sufren un superenrollamiento dextrógiro.

3.3. Estructuras súpersecundarias (*protein motifs*)

El análisis de muchas proteínas revela la existencia de **agrupaciones de estructuras secundarias que se repiten muy frecuentemente en la naturaleza** y que se han denominado recientemente *motivos* (*protein motifs*).

Los motivos proteicos (lazo β-α-β, vértice α-α, hoja β-torsionada, barril β,... entre otros muchos) constituyen actualmente la base de la clasificación estructural de proteínas.

3.4. Estructura terciaria

Este nivel estructural se refiere a la **disposición tridimensional final de una única cadena polipeptídica**. Puede incluir elementos de estructura secundaria o participar en ellos, al igual que puede incluir o componer *protein motifs*.

Es el resultado de numerosas interacciones químicas, algunas de carácter débil (interacciones de Van der Waals, electrostáticas,...) y otras más fuertes (covalentes, puentes disulfuro,...).

Un claro ejemplo de estructura terciaria lo constituyen los múltiples enrollamientos de las hélices-a que componen la a-queratina, que generan una estructura final muy resistente mecánicamente.

3.5. Estructura cuaternaria

Es la combinación de diferentes cadenas polipeptídicas y grupos prostéticos para dar lugar a una proteína oligomérica. Al hablar de grupos prostéticos, me refiero a moléculas que ayudan a estructurar una proteína pero no son de naturaleza proteica.

Un ejemplo clásico de estructura cuaternaria lo encontramos en la hemoglobina, la proteína fabricada por los eritrocitos para fijar y transportar gases como el O_2 o el CO_2 por la sangre de vertebrados. Se trata de la primera proteína oligomérica con estructura conocida por rayos X. Fueron Max Perutz y John Kendrew los que, en 1959, determinaron mediante esta técnica la estructura atómica de sus 4 cadenas y sus 4 grupos prostéticos.

3.6. ¿Cómo adquieren las proteínas el plegamiento?

En 1969, Cyrus Levinthal hizo notar que, incluso para un péptido muy pequeño, el número de conformaciones que se pueden adoptar es tan elevado, que es imposible que la maquinaria celular pruebe todas las posibilidades y escoja la de menor energía libre, porque no lo conseguiría prácticamente nunca (para una proteína de 100 residuos, se tardarían 10^{77} años). Esta tarea, sin embargo, una bacteria tan sencilla como *Escherichia coli* la realiza en 5 segundos a 37°C. ¿Cómo lo hace? Esta incógnita se llama *paradoja de Levinthal* y refleja muy bien la complejidad del proceso de plegamiento de proteínas. **Se trata de una de las principales cuestiones de la bioquímica actual, y no está en absoluto resuelta de una forma completa.**

Una idea que ha tenido particular relieve en este campo es el modelo del embudo de energía libre (*"free energy folding funnel"*). A grandes rasgos, se propone que, a medida que la proteína adopta su plegamiento, nunca deshace el camino andado si esto supone aumentar su energía interna. Dicho en palabras más técnicas, cada estabilización entálpica reduce el número de estados conformacionales a probar, con lo que la velocidad del proceso se acelera enormemente.

En las células existen unas proteínas especializadas en acelerar y dirigir este proceso. Se les conoce como **chaperonas** y, como ejemplo, podemos citar la familia Hsp70, proteínas de 70kDa que se descubrieron por aumentar su concentración en procesos de estrés calórico. Su principal acción es, sin entrar en detalles, unirse a residuos hidrofóbicos y promover que se junten todos minimizando así su superficie de interacción con el disolvente acuoso, fenómeno conocido como colapso hidrofóbico que se postula como uno de los primeros pasos del delicado mecanismo de plegamiento de proteínas.

4. LAS PROTEÍNAS EN ACCIÓN

Sistematizar en pocas líneas cómo funcionan las proteínas, siendo tanta la variedad de funciones que cubren, resulta muy pretencioso para unas pocas líneas. El modo que he escogido para ello es el siguiente. De acuerdo con la función que desempeñan, podemos clasificar arbitrariamente las proteínas en cuatro grandes grupos. Para ilustrar esta clasificación, tomaré un ejemplo representativo de cada grupo y explicaré varios detalles de su modo de acción.

4.1. Proteínas que unen reversiblemente un ligando pequeño sin modificarlo covalentemente

La acción es sencilla. Se trata de **unirse de forma específica a un ligando y mantenerse en ese estado un tiempo determinado**, para transportarlo, evitar que forme parte de la fracción disuelta o, simplemente, conseguir un leve cambio conformacional en la misma proteína que actúe como una señal química.

En esta categoría entrarían multitud de proteínas (presentes en cadenas de transducción de señal, secuestradoras de cationes, transportadoras de gases por sangre,...). He escogido la **hemoglobina como ejemplo paradigmático**.

Como he comentado en un apartado anterior, esta proteína consta de 4 cadenas peptídicas y 4 grupos prostéticos. Cada uno de ellos se conoce como grupo hemo y no es más que un anillo de porfirina unido a un átomo de hierro. En el centro de esta estructura se compleja reversiblemente una molécula de O_2. La intensidad de la unión del O_2 puede cuantificarse, y conviene señalar que es de carácter cooperativo, es decir, cuesta menos la unión del segundo O_2 que la unión del primero, y sucesivamente con los siguientes, pudiéndose unir hasta un máximo de 4 por ejemplar de hemoglobina.

El O_2 se une de diversos modos según la conformación del resto de la proteína. Obviamente, esta estructura es dinámica y puede experimentar también fluctuaciones provocadas por la unión del ligando.

La unión de O_2 a hemoglobina puede verse modulada por la presencia de reguladores alostéricos. Diversos derivados del fosfato (2,3-dihidrógenofosfato, por ejemplo) cumplen en los vertebrados este papel. Existen también numerosos ligandos que pueden competir con el O_2 por su unión al grupo hemo. Un ejemplo clarísimo lo constituye el monóxido de carbono (CO), que tiene una afinidad por hemoglobina 100 veces superior a la del O_2, y se une además de forma prácticamente irreversible, siendo por tanto un gas altamente tóxico.

4.2. Proteínas que reconocen molecularmente otras biomoléculas grandes

En el cuerpo humano, lo propio se distingue de lo ajeno (potencialmente patológico) mediante el reconocimiento específico de péptidos mediante anticuerpos o en complejos presentadores de antígenos. Es uno de los muchos ejemplos en el que **las proteínas se reconocen unas a otras y desencadenan comportamientos de relevancia biológica.**

Las reacciones de **reconocimiento antígeno-anticuerpo** (además de la enorme utilidad que presentan en aplicaciones biotecnológicas) son las responsables de desencadenar la respuesta inmunitaria específica. Tanto los linfocitos B como los T están preparados, y genéticamente modificados de forma irreversible, para reconocer un antígeno determinado y responder convenientemente a este hallazgo, tal y como se detalla en el tema 62 de este temario.

4.3. Motores moleculares

La acción de otro gran grupo de proteínas sería la siguiente: **generar un movimiento de gran magnitud que tenga repercusiones mecánicas importantes en el entorno en que se produce.** Las proteínas responsables de los sistemas contráctiles de la mayoría de seres vivos, el par **actina-miosina** y sus derivados, resultan un ejemplo adecuado de este conjunto.

En peso seco, representan sin duda las proteínas más abundantes del músculo. Los filamentos gruesos (miosina), gracias a repetidos movimientos de sus cabezas globulares, acoplados a hidrólisis de ATP, se deslizan sobre los filamentos finos (actina). Al ocurrir de forma concertada este fenómeno en la infinidad de microsistemas actina-miosina que contiene una fibra muscular, ésta se acorta y produce el fenómeno fisiológico de la contracción muscular.

4.4. Proteínas que unen un ligando y lo modifican covalentemente (enzimas)

Podríamos decir que gran parte de la historia de la bioquímica es la historia de la investigación sobre las enzimas. Se trata de **proteínas que catalizan reacciones químicas, disminuyendo de algún modo la energía del estado de transición o "energía de activación" de la reacción.** La mayoría de las reacciones químicas que tienen lugar en el interior de los organismos vivos necesitarían una temperatura prohibitiva para suceder, por lo que sólo ocurren gracias a la presencia de enzimas.

Según el tipo de reacción que catalizan, podemos señalar **6 tipos de enzimas.**

- a. **OXIDORREDUCTASAS** → transferencia de electrones
- b. **TRANSFERASAS** → transferencia de un grupo químico inespecífico
- c. **HIDROLASAS** → hidrólisis (transferencia de grupos químicos al agua)
- d. **LIASAS** → adición de grupos a dobles enlaces o viceversa (formación de dobles enlaces por eliminación de grupos)
- e. **ISOMERASAS** → transferencia de grupos dentro de moléculas, originando moléculas isómeras

f. **LIGASAS** → formación de enlaces C-C, C-S, C-O y C-N mediante reacciones de condensación acopladas a rotura de ATP.

¿Cómo funcionan las enzimas? El detalle químico de este comportamiento varía mucho de una reacción a otra. No obstante, pueden señalarse **algunos rasgos comunes**.

- Las enzimas **alteran las velocidades de reacción pero no los equilibrios**. Es decir, no modulan la termodinámica de la reacción química sino únicamente sus aspectos cinéticos.

- **Las interacciones enzima-sustrato son óptimas en el estado de transición**. En otras palabras, los centros activos no son lugares donde el sustrato es químicamente estabilizado, sino que están adecuadamente diseñados para estabilizar el estado de transición. Esta es la base química del aumento de velocidad de la reacción.

Clásicamente, los enzimas han sido estudiados mediante trabajos de cinética química experimental, en los que se valora la velocidad de aparición/consumo de productos/reactivos. Las ecuaciones de Michaelis-Menten (ver figura) expresan de forma cuantitativa la relación entre la concentración de sustrato y la velocidad de la reacción química.

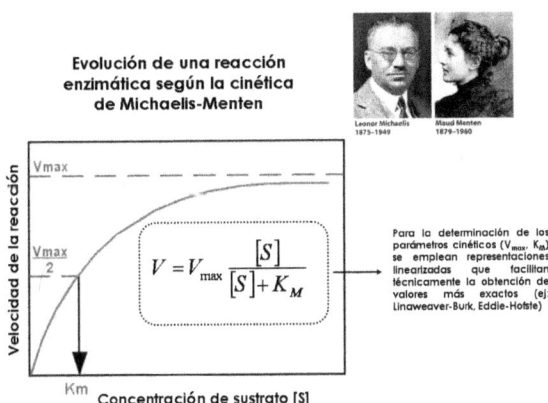

Evolución de una reacción enzimática según la cinética de Michaelis-Menten

Leonor Michaelis
1875-1949

Maud Menten
1879-1960

$$V = V_{max} \frac{[S]}{[S] + K_M}$$

Para la determinación de los parámetros cinéticos (V_{max}, K_m) se emplean representaciones linearizadas que facilitan técnicamente la obtención de valores más exactos (ej: Linaweaver-Burk, Eddie-Hofstie)

Velocidad de la reacción

Vmax

$\frac{V_{max}}{2}$

Km   Concentración de sustrato [S]

Sin duda, se trata de un método más para acercarnos al mecanismo de la reacción. Cuantifica el efecto de la presencia de la enzima y puede aportar datos verificables posteriormente. Sin embargo, no nos informa (desde la perspectiva de la bioquímica estructural) del modo en que la reacción es facilitada.

A este fin contribuyen algunas metodologías de estudio desarrolladas recientemente. Los **métodos de modelado molecular QM/MM**, por ejemplo, investigan, mediante el uso de cálculos teóricos, la naturaleza química del complejo "*centro activo – estado de transición*", considerando la estructura electrónica de los átomos implicados y llegando en ocasiones a señalar pistas muy valiosas sobre el motivo por el que la presencia del enzima cataliza la reacción.

Para optimizar el valor de las enzimas como herramienta en los procesos vivos, **la mayoría de organismos han desarrollado mecanismos químicos mediante los que son capaces de controlar la actividad enzimática según sus necesidades.** Las enzimas funcionan mejor o peor gracias a moduladores alostéricos que, uniéndose a ellas de forma no-covalente, inhiben o potencian su mecanismo de acción. Pueden sufrir también modificaciones en su estructura química que afectan al mecanismo catalítico. Las fosforilaciones (en rutas de señalización, por ejemplo) y las acilaciones (que modulan la capacidad de las histonas para unirse a ADN) son las más características.

5. BIOSÍNTESIS DE PROTEÍNAS

Considero personalmente que, **para una buena comprensión de la biosíntesis proteica, es muy recomendable explicarla en dos etapas**: el paso de ADN a ARN (**transcripción**) y el paso de ARN a proteína (**traducción**). Sin embargo, según el temario oficial, la primera parte corresponde al tema 25, por lo que sólo comentaré aquí la segunda.

Desde los años 50, sabemos que existe un código genético y que la información contenida en el ARN mensajero (ARNm) como una secuencia de bases nucleotídicas, se traduce en una secuencia de aminoácidos según este código genético.

Cada 3 nucleótidos consecutivos darán lugar, mediante un complejísimo sistema bioquímico, **a un aminoácido** en la secuencia de la proteína sintetizada. Existen tres tripletes que no codifican, habitualmente, para ningún aminoácido. Son los tripletes UGA, UAA, UAG y constituyen señales de terminación.

Para seguir un **orden lógico en la explicación** del mecanismo, me referiré primero a los **actores**, luego a la **acción** y, finalmente, a algunos modos de **regulación**.

5.1. Mecanismo (actores)

El **ribosoma** es un gran complejo macromolecular compuesto por ARN ribosómico (ARNr) y proteínas que contiene 2 subunidades. Estas subunidades, una vez ensambladas, dan lugar a 3 cavidades:
- cavidad E (exit) → lugar por donde sale la proteína ya formada

14

- cavidad A (aminoacil) → zona en la que entra un ARN de transferencia (ARNt) y reconoce a un triplete del ARNm, antes de que el aminoácido correspondiente se una a la proteína en formación
- cavidad P (peptidil) → zona en la que el ARN de transferencia (ARNt) sigue unido a un triplete del ARNm, una vez que su aminoácido ya se ha unido a la proteína en formación

La estructura del ribosoma se conoce a nivel de detalle atómico (5.5Å de resolución) desde el año 2001, gracias a un trabajo publicado en Science por Yusupov et al. Se sabe que, junto al ARNr, hay más de 50 tipos de proteínas distintas y que en una sola célula puede haber más de 1 millón de ribosomas.

Los **ARNt** son moléculas de ARN de estructura a grandes rasgos común, que llevan un aminoácido unido en un extremo y presentan un triplete de nucleótidos en el otro. La asociación es unívoca. Un mismo triplete siempre, o casi siempre, lleva enganchado el mismo aminoácido. Ahora bien, un mismo aminoácido puede ser llevado por ARNt con diferentes tripletes (lo que se conoce como degeneración del código genético).

El **ARNm** ha sido sintentizado en el proceso de transcripción. Primero fue un ARN inmaduro, que contenía mucha información además del gen (se denomina ARNhn – de *heterogeneous nuclear*-). Posteriormente, aún en el núcleo, se le eliminaron fragmentos no informativos (intrones) y se formó un ácido nucleico con muy poca información además de la que puede traducirse a proteína. Este fragmento, que sale del núcleo para ser recibido por los ribosomas citoplasmáticos sobre la pared del retículo endoplasmático rugoso, es el ARNm.

Existen, además muchos actores secundarios, que irán apareciendo al explicar el mecanismo.

5.2. Mecanismo (acción)

Los ARNt quedan modificados con sus aminoácidos correspondientes gracias a proteínas específicas. Este es un proceso que tiene lugar en el núcleo, antes de salgan los ARNt al citoplasma. El proceso consumirá ATP y su velocidad y especificidad están altamente reguladas por maquinaria enzimática.

Los ARNt entran en el ribosoma (cavidad A) y allí verifican, por interacciones de puente de hidrógeno y apilamiento, si son o no complementarios al triplete de nucleótidos del ARNm que en ese momento ocupa la cavidad A. En el proceso intervienen unas proteínas llamadas factores de elongación (EF) que, junto con el ribosoma, aseguran la fidelidad del proceso (sólo 1 de cada 10000 veces, el aminoácido seleccionado es erróneo).

Desde la entrada del ARNt en el ribosoma (que ya contiene el ARNm correspondiente) pueden distinguirse claramente **3 etapas**...

- etapa I → unión del ARNt al ARNm (cavidad A)
- etapa II → formación del enlace peptídico nuevo
- etapa III → el ARNm se mueve una distancia de 3 nucleótidos

... y a partir de ahí vuelve a empezar el proceso, hasta que se llega a algún triplete del ARN$_m$ no reconocido por ningún ARN$_t$, con lo que se acaba la síntesis proteica.

Todo **el proceso es dependiente de energía química**, suministrada en este caso en forma de GTP.

Existen señales en el ARN$_m$ que indican un inicio de la traducción. La más conocida es el codón AUG, que codifica para el aminoácido Met, por el que empezarán todas las proteínas eucariotas, aunque posteriormente, en la maduración post-traduccional de la proteína, este y otros aminoácidos se pierdan.
Las proteínas, una vez sintetizadas, son transportadas al lugar en el que son más funcionales y, una vez que la célula considera que son suficientemente viejas o inservibles, se les añade una marca (ubicuitina), que servirá para que sean reconocidas y llevadas selectivamente al proteasoma, un orgánulo celular especializado en su degradación.

5.3. Mecanismo (regulación)

La biosíntesis proteica puede regularse a nivel de traducción por diferentes procesos...

- procesamiento de las proteínas una vez ya formadas (**fosforilación, acilación, glicosilación,...**) Un ejemplo típico es la glicosilación de algunas proteínas de la membrana de los eritrocitos. Dependiendo de los azúcares añadidos a estas proteínas decimos que estas células tienen el antígeno A, el B o ninguno. Esta es la base de la existencia de grupos sanguíneos en humanos.

- **transporte selectivo** de las proteínas formadas

- **ARN *slippage***, este proceso ocurre, por ejemplo, cuando las proteínas del virus de la inmunodeficiencia humana (VIH) se traducen en un linfocito T$_{helper}$ humano. A veces, el ribosoma, en vez de saltar sobre el ARNm de 3 en 3 nucleótidos, puede dar algún salto esporádico de 2 o 1 nucleótido, cambiando totalmente la pauta de lectura. Así es como este virus consigue, con un material genético muy reducido, fabricar proteínas muy distintas.

- adición de grupos prostéticos a las proteínas formadas y **formación de estructuras cuaternarias**

...ahora bien, la regulación más importante de la biosíntesis proteica viene dada (tanto para la velocidad del proceso como para la naturaleza del producto fabricado) en el proceso de transcripción y maduración post-trascripcional. Estos mecanismos se presentan propiamente en el tema 25.

6. COMPLEMENTOS PROTEICOS. LAS VITAMINAS

Una definición sencilla y bastante adecuada de vitaminas podría ser: **sustancias químicas no sintetizables por el organismo, presentes en pequeñas cantidades en los alimentos, que son indispensables para la vida, la salud, la actividad física y cotidiana.**

Actúan como coenzimas y grupos prostéticos de las enzimas. No son necesarias en altas concentraciones, pero tanto su defecto como su exceso pueden ser patológicos.

Históricamente, la aparición del concepto de vitaminas se debe a F.G. Hopkins (bioquímico británico) y F. Eijkman (fisiólogo holandés), galardonados con el Nobel de 1929 por esta aportación. Eijkman explicó que la cáscara del arroz evitaba la aparición de polineuritis en aves de corral. Este trabajo dio origen a una investigación que concluyó en el descubrimiento de la vitamina B_1 (tiamina). Hopkins describió el papel de algunos compuestos de la leche en el crecimiento de órganos en formación.

Según su solubilidad en agua o en sustancias lipídicas, **las vitaminas se clasifican en...**

Hidrosolubles

- Vitamina C o ácido ascórbico (antiescorbútica)
- Complejo B
  - Vitamina B_1 o tiamina (antineurítica)
  - Vitamina B_2 o riboflavina
  - Vitamina B_3, vitamina PP o niacina
  - Vitamina B_5 o ácido pantoténico
  - Vitamina B_6 o piridoxina
  - Vitamina B_8, vitamina H o biotina
  - Vitamina B_9, vitamina M o ácido fólico.
  - Vitamina B_{12} o cianocobalamina
  - Vitamina B_{15}* o ácido pangámico
  - Vitamina B_{17}*, laetril o amigdalina

*la amigdalina es un azúcar modificado (ver tema 23) y el ácido pangámico no es más que el amnoácido glicina dimetilado. En la actualidad no se consideran vitaminas, pero aún pueden verse en algunos textos como B_{15} y B_{17}.

Liposolubles

- Vitamina A o retinol
- Vitamina D_3 (colecalciferol) o D_2 (ergocalciferol) (antiraquítica)

- Vitamina E o tocoferol
- Vitamina K (naftoquinona y menaquinona) (antihemorrágica)

Seguiré con una serie de **comentarios interesantes acerca de algunas vitaminas concretas**.

La **vitamina D$_3$**, es sintetizada a partir de 7-OH-colesterol en la piel, por acción de la radiación ultravioleta. La sustancia generada viaja por sangre y, en presencia de algunas enzimas de hígado y riñón, s transformada a 1,25-diOH-colecalciferol, molécula que regula la captación de iones Ca^{2+} en el intestino y de Ca^{2+} y $PO4^{3-}$ en tejido óseo. Esta molécula final también se denomina calcitriol y es comercializada bajo el nombre de Rocaltrol®. Su déficit provoca problemas de raquitismo.

La **vitamina D$_2$**, ergocalciferol, se obtiene al irradiar levaduras con luz UV y es la que se añade a la leche y mantequilla como suplemento. También se comercializa bajo nombres como Deltalin®.

La **vitamina A** (retinol) puede funcionar como hormona (transformada en ácido retinoico, que se une a factores de transcripción y regula la expresión génica) o como pigmento ocular (en la reacción química realizada en la retina, que desencadena la estimulación visual –ver tema 57-).

Los miembros del complejo de la **vitamina E** (tocoferoles) son antioxidantes biológicos. Es muy rara su deficiencia en humanos, y el principal síntoma de esta carencia sería la fragilidad de los eritrocitos.

Las **vitaminas del complejo K** son potentes activadores de la coagulación sanguínea. Su déficit, que es rarísimo, causa una lentitud en el proceso de coagulación que es letal en recién nacidos. Se distinguen dos tipos, según el lugar en que se sintetiza: filoquinona (vit K$_1$, sintetizada en hojas de vegetales) y menaquinona (vit K$_2$, sintetizada por bacterias en el intestino de algunos vertebrados).

7. CONCLUSIÓN

Podría entenderse un ser vivo como una entidad que es capaz de intercambiar materia y energía con su entorno, adaptarse a la fluctuación fisicoquímica de ese ambiente y tener, al menos en potencia, la capacidad de generar un ser semejante a sí mismo.

En todas estas reacciones químicas intervienen compuestos proteicos, sobre los que se apoya la vida. Se trata de moléculas cuya estructura y las reglas para adquirirla están de alguna forma escritas en un código molecular estable (el ADN) almacenado en el núcleo celular, fuera de las tensiones del citoplasma.

Las proteínas se componen de aminoácidos, agrupaciones de una decena de átomos con propiedades químicas peculiares. Una vez estructuradas se encargan de hacer funcionar la maquinaria biológica, llevando a cabo multitud de funciones, que desempeñarán hasta acabar su aventura al ser destruidas por los programas de renovación celular. Muchas aventuras individuales, coordinadas... a veces incluso antagónicas, que hacen posible la vida.

Bibliografía útil:

ALBERTS, B. y otros. (2004) "Biología molecular de la célula", 4ºed, Ed. Omega. (páginas 62, 68-91,129-188, 335-364)

CAMPBELL, P. N.; SMITH, A. N.; PETERS, T. J. (2006) "Bioquímica ilustrada: boquímica y biología estructural en la era posgenómica". 5º edición. Ed. Masson. Madrid. (páginas 7-17, 31-43, 55-108)

DIAZ ZAGOYA, J.C. y JUÁREZ OROPEZA, M.A. (2007) "Bioquímica: un enfoque básico aplicado a las ciencias de la vida", Ed. Mc Graw-Hill

ECHEVARRÍA, M. y ZARDOYA, R. (2006) "Acuaporinas: los canales de agua celulares". Investigación y Ciencia, 363, 60-67.

GALLEGO DEL SOL, F.; NAGANO, C. S.; CAVADA, B. S.; SAMPAIO, A. H.; SANZ, L. y CALVETE, J. J. (2006) "Lectinas". Investigación y Ciencia, 361, 58-67.

GARRIDO PERTIERRA, A. y otros (2007) "Fundamentos de bioquímica estructural", Ed. Tébar

KARP, G. y GEER P.vD. (2005) "Biología celular y molecular: conceptos y experimentos" Ed. McGraw Hill.

LODISH, H. y otros. (2005) "Biología celular y molecular", Ed Panamericana

NIRENBERG, M. (2006) "Historical review: deciphering the genetic code –a personal account-", Trends in Biochemical Sciences, 31,6, 349

PAIK, W.K. y otros (2007) "Historical review: the field of protein methylation", Trends in Biochemical Sciences, 29,1,46

STRYER, L.; BERG, J. M. y TYMOCZKO, T. (2003) "Bioquímica". 5º edición. Ed. Reverté. Barcelona.

VOET, D. y otros (2007) "Fundamentos de bioquímica: la vida a nivel molecular", Ed. Panamericana (capítulos 4, 5, 6, 7, 11, 12, 20, 26 y 28)

¿De qué más puntos se podría hablar?

"La vida en el interior de nuestras células depende de lo que algunos científicos llaman el beso de la muerte: un proceso mediante el cual ciertas proteínas perjudiciales se despedazan en el interior de una especie de trituradora biológica" (ver más sobre esto –PREMIO NOBEL'2004– en EL MUNDO, 7/10/2004)

El espacio que separa unas células de otras resulta ser una zona enormemente informativa, repleta de señales químicas que guían procesos tan cotidianos como la regeneración de una herida o tan especiales como el mismo desarrollo embrionario. Unas proteínas extracelulares (las lectinas) son la base de este lenguaje (ver más en Gallego del Sol, F. 2006)

Estudios recientes nos hablan de la importancia de un proceso tan simple como la entrada/salida de agua en las células, contándonos cómo está finamente regulado por unas proteínas: las acuaporinas (ver más en Echevarría et al. 2006)

La estructura de las proteínas puede estudiarse gracias a una enorme batería de métodos, tanto experimentales (cristalografía por difracción de rayos X, RMN, miscroscopía electrónica de alta resolución, espectrometría de masas,....) como teóricos (modelado por homología, dinámica molecular....). Pueden citarse estos métodos y/o profundizar brevemente en algunos de ellos.

TEMA 25

LOS ÁCIDOS NUCLEICOS. REPLICACIÓN Y
TRANSCRIPCIÓN.

0. Introducción
1. Los ácidos nucleicos
2. La replicación
3. La transcripción
4. Conclusión

0. INTRODUCCIÓN

Los seres vivos son trampas entrópicas. Reducen las posibilidades estructurales del universo circundante en contra del segundo principio de la termodinámica, lo que lleva asociado un coste energético enorme, imposible de pagar tras cada división celular.

Es necesario un mecanismo de *"almacenamiento del orden generado"*, gracias a éste es posible la vida. Los ácidos nucleicos, su estructura y su expresión, son los encargados de esta tarea. Almacenar la información, cribarla y hacerla madurar, transportarla a otras formas químicas... de esto se encargan estas moléculas, que voy a tratar de describir en esta exposición. Me basaré en el siguiente orden... (es muy conveniente exponer con claridad, aquí al principio, el orden que se va a seguir, leer el índice de una forma ágil)

1. LOS ÁCIDOS NUCLEICOS

"¿Cómo podemos, desde el punto de vista de la física estadística, conciliar el hecho de que en la estructura genética parece participar un número relativamente pequeño de átomos [...] con que, sin embargo, exhiba una actividad de lo más regular y sujeta a ley, con una durabilidad o permanencia que roza lo milagroso?" (Schrödinger 1944).

Poco antes de las primeras evidencias experimentales contundentes acerca de la naturaleza química del material genético y de la publicación del modelo teórico de su estructura tridimensional, Erwin Schrödinger expresaba con esta frase, sin aún conocer con precisión a qué sistema se refería, su asombro acerca de las propiedades del ADN, cuya estructura química permite a los seres vivos conservar generación tras generación sus rasgos estructurales.

La descripción de la naturaleza química de este biopolímero, cuya estructura viene marcada por una compleja pauta de puentes de hidrógeno, sus diferentes posibilidades de disposición tridimensional, su flexibilidad esencial y la reactividad química de sus componentes, serán los puntos tratados en este apartado, con el propósito de acercarnos a una mejor comprensión de su funcionamiento en los sistemas vivos.

1.1. Naturaleza química de los ácidos nucleicos

1.1.1. Componentes estructurales básicos

La unidad fundamental de los ácidos nucleicos es el *nucleótido*. Consta de tres subunidades: un anillo flexible de naturaleza glucosídica, un grupo fosfato con carga negativa y un heterociclo aromático (ver figura 1).

Figura 1. Estructura química básica del nucleótido 2'-deoxi-timidina, en la que pueden observarse los tres componentes principales de un nucleótido genérico.

La naturaleza química de cada uno de estos componentes puede ser muy variable, dando lugar a los diferentes tipos de ácidos nucleicos que podemos encontrar, tanto en los seres vivos como provinentes de síntesis artificial. De todos ellos, nos centraremos en aquellos esqueletos que constituyen los ácidos nucleicos de mayor relevancia biológica.

Como anillos glucosídicos más frecuentes se encuentran la β-D-ribosa (constituyente del ARN) o β-D-desoxiribosa (en el ADN), que difieren en la presencia de un oxígeno en posición 2' y cuya estructura se muestra en la figura 2.

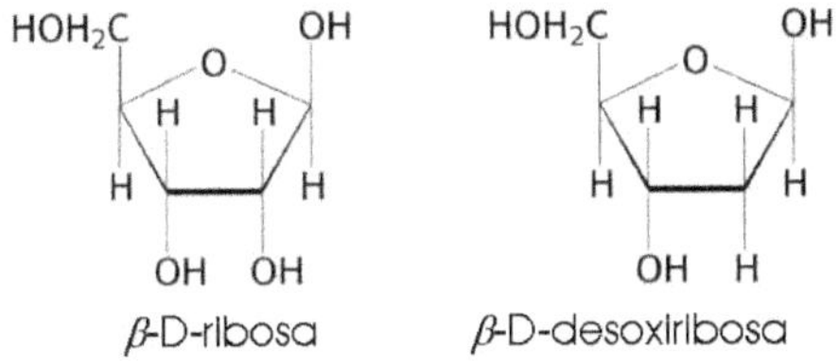

Figura 2. Estructura química básica de los azúcares cíclicos que constituyen los ácidos nucleicos principales (ARN y ADN).

Las bases nitrogenadas son heterociclos aromáticos planos. En función de su esqueleto químico se clasifican en bases púricas y pirimidínicas. En la figura 3 se muestran aquellas bases que encontramos de forma mayoritaria en el ADN (Adenina, Guanina, Citosina, Timina) y en el ARN (donde Uracilo sustituye a Timina).

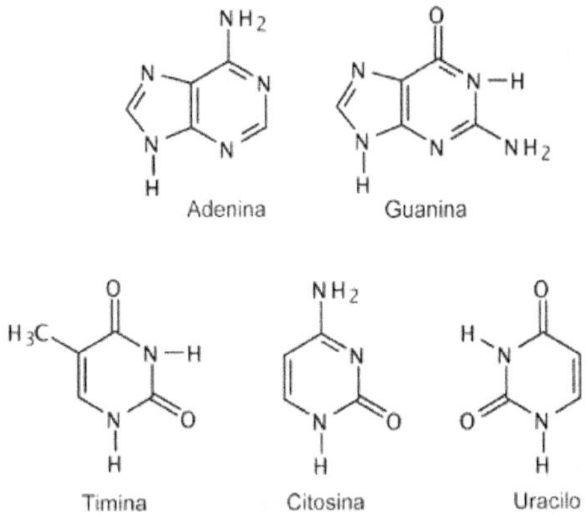

Figura 3. Estructura química de las bases nitrogenadas más frecuentes en ADN y ARN. En adelante se abreviarán como sigue (A, Adenina; C, Citosina; G, Guanina; T, Timina; U, Uracilo).

En un nucleótido codificante, la base nitrogenada se une al azúcar mediante un enlace β-glucosídico y el fosfato se une por esterificación al carbono 5'. El ensamblaje de varios nucleótidos para formar una cadena se realiza por medio de enlaces fosfodiéster, en los que el grupo fosfato conecta los carbonos 5' y 3' de los nucleótidos adyacentes. Este mecanismo de polimerización da lugar a cadenas que presentan una direccionalidad química (5'→3' o 3'→5'), que resulta determinante para el reconocimiento de los ácidos nucleicos y el desarrollo de sus funciones biológicas.

1.1.2. Flexibilidad conformacional

Existen diversos puntos generadores de flexibilidad conformacional en los ácidos nucleicos. Estos son, principalmente...

- la variación estructural del anillo glucosídico
- la isomería estructural *syn/anti* entre base y azúcar
- la fluctuación del valor de diversos ángulos diedros como el definido por el enlace C4'-C5' o los enlaces del grupo fosfato.

En resumen sería necesario especificar el valor de siete ángulos diedros $(\alpha, \beta, \gamma, \delta, \varepsilon, \zeta, \chi)$ y la conformación del anillo furanósico para que la estructura secundaria del ácido nucleico quedase caracterizada. No obstante, en esta exposición comentaré únicamente las posibilidades más frecuentes de alguno de estos grados de libertad conformacional.

Conformación del anillo de azúcar

La disposición estructural del anillo glucosídico en los ácidos nucleicos se conoce normalmente con el nombre de *puckering* (empaquetamiento). Las estructuras más frecuentes suelen ser conformaciones no planares tipo *envelope* (E; un átomo queda fuera del plano definido por los otros cuatro) o *twist* (T; dos átomos quedan fuera del plano), siendo los confórmeros E, ligeramente más estables, los que suelen detectarse más frecuentemente en condiciones fisiológicas.

Isomería estructural *syn/anti* entre base y azúcar

La posición relativa de la base respecto al azúcar viene determinada por el valor del ángulo χ y se designa mediante los términos *syn/anti*, que indican, respectivamente, si la ribosa eclipsa la base o si quedan ambas en posiciones opuestas. Generalmente, los nucleótidos están en posición anti, aunque la barrera energética entre ambas no resulta demasiado elevada.

4

1.1.3. Propiedades fisicoquímicas

Las interacciones de las bases nitrogenadas entre sí y el reconocimiento de la fibra por factores externos, fenómenos cruciales en la funcionalidad biológica del ADN, están enormemente influenciados por las características fisicoquímicas de los nucleótidos individuales. Propiedades como la densidad de carga, el valor de pK_a o el estado tautomérico de las bases, deben ser conocidos de cara a una mejor comprensión del comportamiento de esta biomolécula.

Densidad de carga

Los nucleótidos son moléculas polares con una distribución heterogénea de la densidad electrónica, lo que determina la localización de las interacciones con ligandos cargados o polares. Diversos átomos aglutinan un exceso de carga, actuando como aceptores de posibles interacciones de puente de hidrógeno o de tipo iónico. En concreto, las bases nitrogenadas presentan momentos dipolares elevados por su distribución asimétrica de carga. Los pares de electrones libres de los grupos carbonilo ($\sim C=O$) y de los átomos de nitrógeno hacen a estos grupos buenos aceptores de puente de hidrógeno, siendo buenos dadores los grupos amino ($\sim N\text{-}H_2$).

El patrón de reconocimiento de los ácidos nucleicos mediante puente de hidrógeno es aún más rico si consideramos la presencia en el esqueleto de azúcar-fosfato de átomos que pueden actuar como grupos aceptores. Los átomos terminales del grupo fosfato serían los que presentan mayor densidad de carga negativa, siendo de menor importancia el resto de átomos de oxígeno del esqueleto (O2', O3', O4' y O5').

Ionización

La variación del estado de protonación de un nucleótido modifica fundamentalmente su escenario tautomérico, comprometiendo sus propiedades de reconocimiento y su función biológica. En un amplio rango alrededor del pH fisiológico (pH~5-9), las bases nitrogenadas permanecen en estado neutro. Resulta aún más estable el estado de protonación de las pentosas, que precisan pH cercanos a 12 para ionizarse. En condiciones de neutralidad, los grupos fosfatos de un polinucleótido presentan una carga de -1, confiriéndole al ADN su naturaleza polianiónica.

Tautomería

La población de las diferentes formas tautoméricas de un nucleótido, resulta determinante en sus propiedades de reconocimiento molecular. Tanto en su

5

función de transmisor de información biológica como en la capacidad de ser "leído" por la maquinaria celular, el ADN precisa de la estabilidad tautomérica de sus constituyentes.

Pueden distinguirse, en las bases nitrogenadas, dos tipos básicos de equilibrio tautomérico el equilibrio ceto-enol y el equilibrio amino-imino. Una gran evidencia experimental indica claramente la predominancia de las formas ceto-amino para las bases canónicas. Cambios en la estructura química de las bases (oxidaciones, metilaciones, introducción de átomos pesados...) o condiciones de entorno muy especiales (presencia de iones, secuencias determinadas,...) pueden estabilizar otras formas como las enol-imino, cambiando radicalmente las pautas de reconocimiento molecular del nucleótido.

1.2. Principales fuerzas que determinan la estructura secundaria de los ácidos nucleicos

En un ácido nucleico canónico existe una repulsión electrostática enorme entre los grupos fosfatos, que han de permanecer próximos y están cargados negativamente. Para contrarrestar este fenómeno, se establecen numerosas interacciones favorables entre los componentes de la fibra. El resultado final de equilibrar este conjunto de fuerzas suele plasmarse en una característica estructural básica de los ácidos nucleicos: la helicidad.

Principalmente, podemos distinguir tres tipos de **interacciones responsables de** definir y **estabilizar la conformación del ADN**:

- interacciones de **puente de hidrógeno** entre bases
- interacciones de apilamiento o *stacking* entre las bases
- efecto del **disolvente**

1.2.1 Interacciones de puente de hidrógeno

La disposición de grupos dadores y aceptores de puente de hidrógeno hace que cada base presente un perfil de reactividad único, que le permite establecer contactos específicos con otras moléculas. El reconocimiento de las bases canónicas entre sí a través de los denominados pares Watson-Crick (WC) define los apareamientos más frecuentes del ADN (Adenina·Timina y Guanina·Citosina) en condiciones fisiológicas.

Las interacciones WC, al condicionar la estabilidad del mensaje genético, presentan una notable importancia. No obstante, el perfil de reactividad de las caras externas de las bases es otra valiosa fuente de información, pues modula el reconocimiento de la fibra de ADN por factores externos (moléculas de solvente, iones, fármacos, proteínas reguladoras...) y es determinante en la formación de estructuras helicoidales de ADN de orden superior a las bicatenarias (*tríplexes*, *tetráplexes*,...).

A pesar de su importancia, los pares WC no son los únicos posibles, pudiendo formarse complejos alternativos. No obstante, la descripción de estas posibilidades alternativas se escapa de lo que marca la extensión de este ejercicio y no entraré en ella (ver CUADRO I como ampliación).

1.2.2. Interacciones de apilamiento (*stacking*)

Experimentalmente, los oligonucleótidos de cadena simple tienden a disponer sus bases de forma apilada. Este hecho revela la importancia del apilamiento o *stacking* entre las bases como factor en la estabilización de la estructura secundaria del ADN. La naturaleza de esta interacción es compleja, interviniendo principalmente en ella tres contribuciones:

i) la interacción entre las distribuciones de carga electrostática de las bases

ii) la interacción debida a las fuerzas de dispersión de ambos sistemas π

iii) la desestructuración del conjunto de moléculas de agua cercanas a los anillos aromáticos (efecto hidrofóbico).

CUADRO I - ampliación

INTERACCIONES DE PUENTE DE HIDRÓGENO NO-CANÓNICAS

Tenemos pares que surgen de rotar 180º una de las bases implicadas (*reverse Watson-Crick* ; rWC), interacciones donde intervienen las posiciones 6, 7 y 8 de purinas (interacciones tipo *Hoogsteen*), que también pueden presentarse en su forma invertida (*reverse Hoogsteen*; rH), o aquéllas donde el reconocimiento entre las caras (WC o Hoogsteen) está desplazado, formando un menor número de puentes de hidrógeno estables (interacciones tipo *wobble*) (ver figura 10). En ocasiones, tales apareamientos favorecen la estabilidad de formas tautoméricas o estados de protonación inexistentes en otras condiciones. Finalmente, no podemos olvidar la posibilidad de reconocimientos incorrectos del tipo Pur·Pyr, Pyr·Pyr o Pur·Pur, lo que constituye un mosaico de interacciones complejísimo.

Diversas técnicas experimentales, como la osmometría, la ultracentrifugación, la calorimetría, la desnaturalización térmica y la resonancia magnética nuclear (RMN), se han empleado en la descripción termodinámica de este tipo de interacciones. Los datos de RMN han sido confirmados por estudios teóricos. Según las evidencias obtenidas, los apilamientos que involucran G son los más estables, siendo los de menor estabilidad los que contienen T. Existe una disminución progresiva de la estabilidad a medida que se reduce el tamaño de los anillos implicados. De este modo, puede establecerse la siguiente gradación de *stacking*: purina:purina > purina:pirimidina > pirimidina:pirimidina.

En solventes polares como agua, las bases no interaccionan mayoritariamente por puente de hidrógeno, dado que implica la desaparición de intensas interacciones nucleobase-agua. Por ello, **el *stacking*** cobra una enorme importancia en medio acuoso, considerándose de hecho actualmente como la **principal fuerza directora de la estructuración del ADN en entornos polares**.

1.2.3. Efecto del entorno químico: agua e iones

El entorno acuoso juega un papel decisivo en la definición de la estructura final de los ácidos nucleicos. Una de sus acciones más relevantes es la moderación de las interacciones entre los grupos fosfato del ADN, cuya repulsión electrostática desestructuraría la hélice a falta del efecto apantallador de las moléculas de agua.

Las moléculas individuales de agua se estructuran alrededor del ADN formando dos capas de hidratación. En la capa más interna se ubican un promedio de 11 a 20 moléculas por nucleótido, que se unen directamente mediante puentes de hidrógeno a átomos del esqueleto azúcar-fosfato o de las bases, formando *espinas de hidratación* presentes como elemento constituyente en varios tipos de ácido nucleicos. La segunda capa está mucho más poblada y, pese a que sus propiedades (movilidad del agua, difusión de aniones,...) difieren muy poco de las del resto del disolvente, resulta indispensable en la estabilización de la estructura secundaria.

Los iones presentes en disolución también modulan la estructura del ADN. Los más abundantes son los cationes inorgánicos, aunque cualquier especie cargada (cadenas laterales de aminoácidos, fármacos...) puede establecer interacciones similares. Los cationes monovalentes realizan una lectura electrostática de la fibra de ADN fijándose principalmente en la distribución homogénea de los grupos fosfato, sin mostrar especial sensibilidad por la secuencia de bases. Su presencia en el interior de las espinas de hidratación y la influencia general que tienen en la estructura del ADN son cuestiones actualmente sujetas a debate científico. Los cationes divalentes, en cambio, interaccionan simultáneamente con los fosfatos y con algunas aguas de la primera esfera de hidratación, por lo que sus preferencias de unión son más sensibles a la secuencia de bases.

1.3. Estructura secundaria del ADN

Tras el modelo teórico de doble hélice propuesto por Watson y Crick para la estructura del ADN, la idea de que esta biomolécula puede explorar disposiciones tridimensionales alternativas ha ido consolidándose. De hecho, el ADN puede adoptar una gran diversidad de formas en función de las condiciones experimentales, de la secuencia de bases o del proceso biológico en que esté involucrado. En todas ellas se conserva una estructura general helicoidal, lo que parece una consecuencia directa de las interacciones de *stacking* entre las bases y de la minimización de la repulsión electrostática entre grupos fosfato.

Una clasificación aceptable de las estructuras secundarias podría ser aquella que considera, por un lado, las conformaciones canónicas (formadas por dos cadenas antiparalelas), y por otro las conformaciones no-canónicas (en las que no se cumple esta sencilla regla). Hablaremos brevemente de cada grupo.

1.3.1. Conformaciones canónicas (familias A,B,Z)

Existen tres grandes familias conformacionales para los dúplexes de ADN: B y A, donde las cadenas se disponen de modo dextrógiro, y Z, donde su orientación es levógira.

La **forma B** constituye la conformación más habitual en condiciones normales de hidratación y la que suele asumirse que adopta al desempeñar la mayoría de funciones biológicas. La disposición tridimensional presenta la forma estilizada típicamente asignada al ADN, donde se distinguen dos surcos: el surco ancho o *major groove* y el surco estrecho o *minor groove*. Además, presenta los pares de bases perpendiculares al eje de la hélice y un elevado grado de compactación. Existen algunas variantes conformacionales de la forma B, que suelen englobarse dentro de la misma familia, como son el C-ADN (estructura de la sal de litio del ADN natural en condiciones de baja humedad), el D-ADN (con 8 bases por vuelta, detectado en zonas con regiones A:T alternadas) y el T-ADN (muy semejante al D-ADN, detectado en el ADN del fago T2).

En condiciones de baja hidratación, el ADN suele adoptar la **forma A**. Se trata de una conformación más corta y ancha ($\phi = 24$ Å), que presenta un hueco central de 3 Å de diámetro en su sección transversal. Es la forma más habitual en que se disponen las moléculas de ARN o los híbridos ADN·ARN, y resulta particularmente favorecida, en el caso del ADN, en secuencias ricas en C·G.

La **forma Z** fue detectada ya en 1979 como una estrctrura anómala que puede aparecer en secuencias alternadas (purina, pirimidina) en condiciones de alta concentración de sal, presencia de algunos cationes o superenrollamiento de la fibra de ADN. La propensidad del ADN para migrar a la forma Z ha sido evaluada a escala genómica mediante técnicas computacionales, encontrándose valores elevados en las zonas de regulación génica. Este hecho, junto a la observación del reconocimiento específico que algunas proteínas muestran hacia este tipo de estructura secundaria, puede justificar un papel del Z-ADN como intermedio en procesos biológicos, tema que aún no ha podido ser verificado de manera inequívoca.

Las estructuras canónicas del ADN presentan todas ellas una fuerte repetitividad helicoidal, lo que facilita describirlas mediante una serie de coordenadas internas, que tras un proceso de refinado y estandarización han conducido a un sistema asumido por todos los investigadores. No obstante, considero que una descripción de estas variables sería demasiado extensa para el tiempo de que disponemos.

1.3.2. Conformaciones no-canónicas

"...el ADN prolifera, emite directivas, se abre, se cierra, se retuerce y se endereza. Estamos cayendo en la cuenta de lo maravillosamente comunicativo que es y de que no se trata de un material intocable, metabólicamente inerte, sino que se le atiende y equilibra con meticulosidad en un statu quo activamente preservado" (Hotchkiss 1968).

Esta referencia, escrita pocos años después del descubrimiento de su estructura tridimensional canónica, muestra cómo ya se tenía conciencia de que la función biológica del ADN requería de una versatilidad conformacional muy elevada y que esta variabilidad era mantenida por mecanismos celulares aún a costa de una importante inversión energética. Resulta lógico pensar, por tanto, que el polimorfismo estructural del ADN es mucho mayor del que se dibuja al considerar sólo las estructuras canónicas. De este enorme abanico de posibilidades estructurales, seguramente incompleto, que posibilita la función biológica del ADN o su utilidad biotecnológica, hemos señalado algunos ejemplos a continuación:

- Estructuras de **ADN** *slipped* (lazos) se relacionan con la maquinaria de lectura del ADN (nucleasas de escisión, factores de transcripción).

- ADN curvado, bien de curvatura leve (**bent ADN**), asociados a efectos de secuencia o a interacción con proteínas o poliaminas, o bien con una elevada curvatura (**kinked ADN**), formando un ángulo cercano a 90°, fruto en general de su interación con algunas proteínas.

- **ADN cruciforme**, formado en zonas de *inverse repeat*, preferiblemente palindrómicas.

- **ADN con mutaciones que preserven la estructura** global de doble hélice, que pueden ser causadas por apareamientos incorrectos entre bases (*mismatchings*) o inserciones/deleciones de un único residuo.

- **ADN de cadenas paralelas**, que puede ser de intra- o intermolecular y basándose en motivos de puente de hidrógeno tanto *Hoogsteen* como *reverse-WC*.

- **ADN en zonas de transición** entre estructuras secundarias, como las uniones entre B-ADN y Z-ADN

- **ADN de triple cadena** (H-ADN), cuya existencia *in vivo* ha sido demostrada, y que puede emplearse como una herramienta biotecnológica muy versátil

- **ADN de cuatro cadenas** (ADN tetraplexes, también denominados G-ADN o i-ADN), presentes en telómeros y detectados recientemente en regiones reguladoras de la expresión de oncogenes

2. LA REPLICACIÓN

2.1. ¿En qué consiste la replicación? Primeras hipótesis.

Se trata de un proceso cuyo objetivo principal es la realización de una copia lo más exacta posible del material genético de una célula. En un principio, se emitieron tres hipótesis acerca del mecanismo de replicación de la doble hélice del ADN. Básicamente dicen lo siguiente:

- **Hipótesis conservativa**: la hélice original se conserva y la hélice sintetizada es completamente nueva

- **Hipótesis dispersiva**: ambas cadenas contienen fragmentos viejos y de nueva síntesis

- **Hipótesis semiconservativa** (propuesta por Watson y Crick y verificada como cierta en 1957 por Meselson y Stahl): cada doble hélice consta de una cadena original y una de nueva fabricación.

2.2. Fases de la replicación

El proceso de replicación del ADN puede estructurarse en las siguientes fases:

- Iniciación
- Elongación
- Corrección de errores (fase que, si bien es simultanea a la elongación, explicaré por separado)

La explicación que sigue hace referencia a células procariotas. Posteriormente expondré las principales diferencias que experimenta este proceso en eucariotas.

2.2.1. Iniciación

Esta etapa se inicia con la unión de unas proteínas denominadas helicasas a unas repeticiones de la secuencia GATC en la doble hélice denominadas oriC u origen de la replicación. Al unirse, las helicasas abren la doble hélice, evitando el mantenimiento de los puentes de hidrógeno entre las bases.

El avance de estas proteínas genera una enorme tensión mecánica en la firbra de ADN, que es liberada por la acción de unas enzimas llamadas girasas y topoisomerasas, que fragmentan y sueldan el esqueleto fosfodiéster, permitiendo entre ambas acciones que se libere la energía elástica acumulada.

Todo fragmento de ácido nucleico de cadena simple tiende a replegarse sobre sí mismo formando estructuras bicatenarias, que impedirían el avance de la maquinaria de polimerización. Para evitar que esto ocurra en la replicación, unas proteínas se unen a las cadenas simples de ADN. Se denominan SSB, del inglés single strand binding proteins.

En conjunto, la fase de iniciación genera una apertura de la doble hélice en forma de burbuja (denominada "burbuja de replicación") flanqueada por dos estructuras en forma de y-griega, llamadas horquillas de replicación. A partir de ellas, avanzará el proceso de polimerización de modo bidireccional.

2.2.2. Elongación.

En esta fase actúan tres complejos enzimáticos encargados de la polimerización de una nueva cadena de nucleótidos frente a cada una de las cadenas originales. Esta polimerización se realiza siguiendo las especificidades canónicas de unión entre bases nitrogenadas (formación de pares A·T y G·C).

Los tres complejos que participan son las ADN polimerasas I, II y III. Todas ellas tienen una actividad polimerasa (seleccionan desoxirribonucleótidos-trifosfato de la fracción soluble y los unen a la cadena naciente respetando la especificidad de secuencia marcada por la cadena molde; el criterio de unión se basa en la pauta de puente de hidrógeno, pero también en las interacciones de apilamiento y la interacción con el disolvente) y una actividad exonucleasa (tras una relectura de la doble cadena sintetizada, son capaces de detectar apareamientos químicamente erróneos, y escindir el nucleótido mal incorporado). Ninguna de ellas, no obstante, es capaz de iniciar la polimerización desde cero. Para ello necesitan la acción de una proteína denominada primasa, que fabrica un primer fragmento de ARN de una decena de nucleótidos, sobre el que estas enzimas ya pueden continuar la polimerización. Este fragmento se denomina cebador o *primer* y las polimerasas tienen capacidad de eliminarlo y sustituirlo por otro de ADN.

A partir de aquí, las ASDN polimerasas avanzan, leyendo en sentido 3'→5' y fabricando en sentido 5'→3'. Ahora bien, una de las cadenas de la doble hélice antigua, sobre la que avanza la polimerasa, tiene orientación inversa. La replicación de esta cadena es algo más lenta y elaborada. Así pues, de las cadenas que hacen de molde, la que va en sentido 3'→5' se denomina hebra

13

conductora ("se fabrica antes") y la que va en sentido 5'→3' se denomina hebra retardada ("tarda más en fabricarse").

El mecanismo de síntesis de la segunda hebra fue descrito por el matrimonio Okazaki en 1968. Se sintetizan fragmentos de unos 1000 nucleótidos separados por pequeños cebadores sintetizados cada vez por la primasa. El cebador es sustituido por las ADN polimerasas y los enlaces fosfodiéster entre fragmentos son aportados por la ADN ligasa.

2.2.3. Corrección de errores

Como ya he comentado, las ADN polimerasas son capaces de re-leer y escindir los nucleótidos que, por estar mal unidos, no permitan una correcta helicidad del ADN. Esta parece ser la señal principal con la detectan un par de bases erróneo.

Los errores del ADN, no obstante, pueden eliminarse por más de una vía. Dos de las más comunes son la reparación por eliminación de bases y la reparación por escisión de nucleótidos. Ambos mecanismos emplean, para el reconocimiento de la base, un mecanismo conocido como *base flipping*, en el que una de las bases es extraída momentáneamente del ADN e introducida en un bolsillo de la enzima glucosilasa, que realiza un reconocimiento interno de las propiedades de la base y la devuelve a su lugar o la escinde.

2.3. Peculiaridades de la replicación en eucariotas

El material genético de los eucariotas es más complejo y, por ello, en bastantes detalles, su replicación muestra diferencias con respecto a la de procariotas. Citaré las siguientes diferentes. En eucariotas...

- existen diversos orígenes de replicación y el proceso se realiza de forma simultánea a partir de todos ellos. Algunos cromosomas eucariotas pueden iniciarse en más de 5000 sitios y quedar replicados en apenas 2 o 3 minutos

- existen, como para casi cualquier función celular, enzimas análogas pero ligeramente diferentes. En concreto, en eucariotas encontramos 5 ADN polimerasas ($\alpha,\beta,\gamma,\delta,\varepsilon$)

- para que se dé la replicación, el ADN ha de separarse de las histonas. No obstante, estudios recientes parecen indicar que esta separación no es muy drástica, sino que mantienen una ligera asociación durante todo el proceso

- en los extremos de los cromosomas, hay unas estructuras denominadas telómeros, que evitan su degradación y cuyo acortamiento está muy relacionado con los procesos de envejecimiento y muerte celular programada (apoptosis)

3. LA TRANSCRIPCIÓN

El material genético contenido en el núcleo alberga instrucciones para el funcionamiento individual de cada célula y reglas que afectarán a todo el ser vivo en su conjunto. La expresión de estas instrucciones se desarrolla en dos grandes etapas:

- Un fragmento de la secuencia de nucleótidos del ADN se transforma en otra secuencia de nucleótidos, ligeramente diferente, denominada ARN. Como el idioma químico no cambia, siguen siendo nucleótidos, se acuñó para este proceso el término **transcripción**.

- El ARN sale al citoplasma y, gracias a la acción de los ribosomas y otros muchos factores, es transformado en una proteína según un código de fabricación (código genético) universal para casi todos los seres vivos. Este proceso se conoce como **traducción**.

La traducción es materia propia del tema 24 de este temario, referido a las proteínas. En este apartado explicaré el proceso de transcripción.

El mecanismo de transcripción (paso de ADN a ARN) se basa en una polimerización de nucleótidos muy similar a la ocurrida durante la replicación, pero con tres diferencias básicas:

- Se fabrica ARN
- El ARN fabricado es de poca longitud
- El ARN sintetizado no se queda unido a la cadena molde sino que se separa y queda libre en forma monocatenaria (ver CUADRO III – ampliación)

En una célula se fabrican varios tipos de ARNs.

- **ARNhn** (heterogéneo nucleolar). Tras ser transcrito puede entrar en un proceso de maduración y transformarse en ARN mensajero, que será traducido a proteína

- **ARNsn** (pequeño nuclear). Se trata de un tipo de moléculas de enorme importancia, ya que modulan procesos como el *splicing*, la acción de la telomerasa en el reconocimiento de extremos del cromosoma, etc.

- **ARNr** (ribosómico). Es el que constituirá, unido a un amplio conjunto de proteínas, las 2 subunidades del ribosoma

- **ARNsno** (pequeño nucleolar). Este tipo de ARN se encarga de dirigir la maduración de los ARNr en el nucleolo.

- **ARNt** (de transferencia). Se trata de las moléculas encargadas de unir aminoácidos individuales para insertarlos en la proteína naciente, en el contexto estructural del ribosoma y siguiendo las reglas del código genético

- **ARNmit y ARNchl** (ARN de mitocondrias y cloroplastos), zonas en las que también se produce transcripción genética, a partir de genomas propios

El ARN más abundante es el ARNr. El ARNhn representa tan sólo ~3-5% del total. No obstante, por su importancia, al ser el que dará lugar a las proteínas, la explicación de la transcripción que sigue va a estar basada en esta forma de ARN.

3.1 Actores del proceso de transcripción

- El **ADN molde**. Se utiliza como molde una de las dos cadenas del gen que se va a expresar (en concreto, la que va en sentido 3'→5'). De esta forma, el ARN transcrito va creciendo en sentido 5'→3'.
-
- **Ribonucleótidos trifosfato**. Representantes de los cuatro nucleótidos típicos del ARN (A, C, U, G) estarán presentes en la fracción soluble en su forma energéticamente activada. La energía que tienen acumulada, principalmente en el último enlace fosfodiéster, la emplearán para unirse mediante un enlace éster al grupo –OH en posición 3' del nuevo ARN.

- **ARN polimerasa II**. Se trata de un complejo enzimático que cataliza todo el proceso de adición de nuevos nucleótidos al ARN naciente. Emplea un mecanismo muy selectivo basado en varias interacciones, no sólo la pauta de puentes de hidrógeno sino también la energía de apilamiento o la interacción con las moléculas de agua circundantes. Este complejo enzimático ha de ser capaz, además, de reconocer señales específicas que indican la terminación de un gen.

La **estructura tridimensional de la ARN polimerasa II**, fue dilucidada por **Roger Kornberg**, de la Universidad de Stanford, que recibió el Premio Nobel de Química en 2006 por sus trabajos. Resulta curioso el hecho de que este científico es hijo de otro Premio Nobel, Arthur Kornberg, que recibió también el Nobel en 1959 por el descubrimiento de un enzima semejante, la ADN polimerasa

...

Existen algunas **diferencias entre ADN polimerasa y ARN polimerasa**. La segunda no necesita un ARN cebador para iniciar la reacción de polimerización. Además, la polimerasa de ARN es ligeramente menos exacta: introduce un error cada 10^4 bases, por sólo 1 cada 10^7 de la ADN polimerasa. Ambas polimerasas, no obstante, tienen mecanismos de corrección de errores.

...

El conjunto de ARNm de una célula eucariota cualquiera está formado por decenas de miles de especies diferentes de ARN, por lo que, en promedio, sólo existen unas 10-15 copias de cada tipo en una célula.

...

No siempre el resultado de la transcripción de un gen es un ARNm destinado a la traducción proteica. En el genoma de la levadura Saccaromyces cerevisiae, se han detectado unos 750 genes (alrededor de un 10% de su genoma) que no llegan a ARNhn como producto final.

- **Factores basales.** Proteínas que se unen a la región promotora y ayudan a la ARN polimerasa a situarse en el lugar de iniciación de la transcripción.

- **Factores de transcripción.** Se unen a secuencias potenciadoras, silenciadoras o promotoras y modulan la tasa de transcripción.

3.2. Etapas del proceso de transcripción

3.2.1. Iniciación.

La primera parte del proceso consiste en atraer y situar la maquinaria enzimática adecuadamente y establecer cuáles serán las condiciones (intensidad, velocidad,...) del proceso de transcripción.

Existen diversas secuencias, externas a las regiones codificantes, que acompañan a los genes eucariotas y determinan estas condiciones iniciales. Son de tres tipos:

- **Secuencias potenciadoras** → ubicadas entre 200 y 10000 nucleótidos antes del inicio de la transcripición. A ellas se unen algunos factores de transcripción y realizan las siguientes tareas.
  - o Disociar los octámeros de histonas unidos al ADN y permitir la descondensación de la fibra de ADN, de forma que estén accesibles las secuencias promotoras.
  - o Permitir que tanto factores basales como ARN polimerasa II se integren estructuralmente cerca del origen de transcripción y puedan funcionar conjuntamente.

- **Secuencias silenciadoras** → situadas intercaladas en la misma zona que las secuencias potenciadoras. A ellas se unen los factores represores de la transcripción e impiden las funciones desarrolladas a partir de las secuencias anteriores. En definitiva, son un mecanismo para modular negativamente la tasa de transcripción.

- **Secuencias promotoras** → a ellas se unen los factores basales y la ARN polimerasa II para iniciar la transcripción. Existen 3 secuencias conocidas en eucariotas.
  - o TATA box (o caja de Goldberg-Hogness), situada 25 nucleótidos antes del inicio.
  - o Secuencia CAAT, a unos 80 nucleótidos del inicio.
  - o Secuencia rica en GC, ubicada a 120 nucleótidos del inicio.

3.2.2. Elongación

La ARN polimerasa se une a la región promotora y separa ligeramente ambas cadenas de ADN. Se trata de una reacción reversible que (a diferencia de lo que ocurre con la actividad helicasa de la replicación) no requiere energía en forma de ATP. En este momento, la enzima empieza a sintetizar una serie de oligonucleótidos cortos (de aproximadamente 10 nucleótidos) de forma ineficiente, hasta que uno de ellos se une con buena afinidad. A partir de este instante, una subunidad de la polimerasa, el factor sigma, se desengancha y la elongación prosigue del ARN nuevo prosigue.

La ARN polimerasa avanza en sentido 3'→5', fabricando un ARN nuevo de polaridad 5'→3' gracias a la contínua adición de ribonucleótidos-trifosfato, que se unen por enlace éster a la cadena preexistente.

El proceso transcurre a una velocidad de aproximadamente 30 nucleótidos incorporados por segundo. A esta velocida, en tan sólo una hora, una célula normal puede obtener más de 1000 tránscritos de un solo gen.

No es necesario que concluya la transcripción de un gen para que se inicie el proceso de nuevo. De hecho, la transcripción de un mismo gen puede estarse realizando simultáneamente por varios complejos de ARN polimerasa.

3.2.3. Terminación

Al llegar a una secuencia de seis nucleótidos con composición TTATTT, la polimerasa se detiene y deja escapar el ADN molde, finalizando así el proceso de transcripción.

3.3. Maduración del ARN transcrito

El ARN producido en el proceso anterior sufre una serie de modificaciones químicas necesarias para poder ser conducido eficientemente al ribosoma y traducido a una proteína. Las principales acciones de maduración son las siguientes:

- Adición de una cola de poliadenina (**cola poliA**). Se trata de unas 100-200 adeninas unidas en el extremo 3' del ARN, que resultan cruciales para que sea transportado al retículo endoplasmático rugoso.

- Adición de metil-guanosina-trifosfato en el extremo 5' (**cap de metilguanina**). Resulta importante por dos razones:
  - Evita la existencia de un extremo 5' libre, por el que el ARN podría ser rápidamente degradado por acción de exonucleasas.
  - Es una señal que los ribosomas reconocen de cara al inicio de la traducción.

- Proceso de *splicing*. Los genes eucariotas contienen fragmentos que no codifican para una proteína, aunque pueden estar incluidos en el ADN original. De hecho, constituyen un gran porcentaje del ADN original. Estos fragmentos, denominados intrones, han de ser eliminados para que se pueda llevar a cabo la traducción. Se trata de un proceso complejísimo, y una fuente de variabilidad genética enorme, dado que la eliminación de intrones puede culminar en productos muy diversos, todos ellos traducibles a proteína (*splicing* alternativo). Algunos genes de *Drosophila melanogaster* tienen caracterizadas hasta 1000 variedades diferentes de productos para un mismo ARN_{hn}, lo que ilustra la importancia del splicing alternativo en el proceso global de la expresión génica.

La acción molecular de una de las setas más venenosas que se conocen (*Amanita phalloides*), reside en el poder que tiene uno de sus alcaloides (1α-amanitina) de bloquear la acción de la ARN polimerasa II.

...

No sufren únicamente splicing los ARN destinados a ser ARN_m, sino también muchos de los que serán finalmente ARN_r o ARN_t.

...

Generalmente, el *splicing* viene dirigido por una maquinaria enzimática denominada espliceosoma. Ahora bien, algunas veces el proceso de maduración de un ARN es catalizado directamente por ese mismo ARN, fenómeno que se denomina *autosplicing*.

Antes de acabar, resulta necesario señalar que la descripción anterior corresponde a la trascripción en organismos eucariotas. A continuación señalo las principales diferencias que presenta el mismo proceso en células procariotas.

- No es necesario descondensar la cromatina

- El escenario de factores de trascripción y factores basales es mucho menos complejo.

- El ARN transcrito no sufre los mismos procesos de maduración, ya que, entre otras circunstancias, no está fragmentado en intrones y exones.

Para finalizar este apartado dedicado a la transcripción, indicar que existen numerosos procesos que afectan al patrón de expresión génica de una célula, como pueden ser los trasposones (elementos que saltan dentro del genoma), o los retrovirus (que integran su material genético en el genoma de la célula mediante procesos de transcripción inversa), existen recombinaciones genéticas y cromosómicas, etc. Todos estos puntos, no obstante, corresponden más a la temática exigida en el tema 64 del presente temario y serán abordados allí.

4. CONCLUSIÓN

Los ácidos nucleicos son considerados muchas veces a nivel divulgativo como las moléculas-icono de los mecanismos de la vida. Son, desde un punto de vista científico, la estructura química que la naturaleza ha encontrado para conservar el orden de los seres vivos, que se enfrenta al segundo principio de la termodinámica, de generación en generación.

En esta exposición, he tratado de describir la estructura básica de estos polímeros, mostrándolos como moléculas flexibles, variables y enormemente informativas. He intentado relatar los procesos que permiten copiarlos fielmente para ser transmitidos a la descendencia y, finalmente, he descrito los primeros pasos de la articulación de este mensaje genético, la transformación de ADN en polímeros de ARN, llamados a expresar su información en otro idioma: el lenguaje de las proteínas.

Bibliografía útil:

ALBERTS, B. y otros. (2004) "Biología molecular de la célula", 4°ed, Ed. Omega.

ARNOTT, S. (2006) "Historical article: DNA polymorphism and the history of the double helix", Trends in Biochemical Sciences, 31,6,349.

BLOOMFIELD, V.A. y otros (2000) "Nucleic acids: structures, properties and functions", University Science Books

DIAZ ZAGOYA, J.C. y JUÁREZ OROPEZA, M.A. (2007) "Bioquímica: un enfoque básico aplicado a las ciencias de la vida", Ed. Mc Graw-Hill

GARRIDO PERTIERRA, A. y otros (2007) "Fundamentos de bioquímica estructural", Ed. Tébar

GARRIDO PERTIERRA, A. y otros (2007) "Fundamentos de bioquímica metabólica", Ed. Tébar

LAU, N.C. y BARTEL, D.P. (2003) "Interferencia de ARN", Investigación y Ciencia, 325

KARP, G. y GEER P.vD. (2005) "Biología celular y molecular: conceptos y experimentos" Ed. McGraw Hill.

LODISH, H. y otros. (2005) "Biología celular y molecular", Ed Panamericana

SAENGER, W. (1988) "Principles of nucleic acid structure", Ed. Springer-Verlag

STRYER, L.; BERG, J. M. y TYMOCZKO, T. (2003) "Bioquímica". 5ª edición. Ed. Reverté. Barcelona.

VOET, D. y otros (2007) "Fundamentos de bioquímica: la vida a nivel molecular", Ed. Panamericana

WELLS, R.D. (2007) "Non-B DNA conformations, mutagenesis and disease", Trends in Biochemical Sciences, 32, 6, 271